T0209584

essentials

essentials liefern aktuelles Wissen in konzentrierter Form. Die Essenz dessen, worauf es als „State-of-the-Art" in der gegenwärtigen Fachdiskussion oder in der Praxis ankommt. *essentials* informieren schnell, unkompliziert und verständlich

- als Einführung in ein aktuelles Thema aus Ihrem Fachgebiet
- als Einstieg in ein für Sie noch unbekanntes Themenfeld
- als Einblick, um zum Thema mitreden zu können

Die Bücher in elektronischer und gedruckter Form bringen das Fachwissen von Springerautor*innen kompakt zur Darstellung. Sie sind besonders für die Nutzung als eBook auf Tablet-PCs, eBook-Readern und Smartphones geeignet. *essentials* sind Wissensbausteine aus den Wirtschafts-, Sozial- und Geisteswissenschaften, aus Technik und Naturwissenschaften sowie aus Medizin, Psychologie und Gesundheitsberufen. Von renommierten Autor*innen aller Springer-Verlagsmarken.

Weitere Bände in der Reihe http://www.springer.com/series/13088

Katja Mönius · Jörn Steuding ·
Pascal Stumpf

Algorithmen in der Graphentheorie

Ein konstruktiver Einstieg in die
Diskrete Mathematik

Springer Spektrum

Katja Mönius
Institut für Mathematik, Universität
Würzburg
Würzburg, Deutschland

Jörn Steuding
Institut für Mathematik, University of
Würzburg
Würzburg, Deutschland

Pascal Stumpf
Institut für Mathematik, Universität
Würzburg
Würzburg, Deutschland

ISSN 2197-6708　　　　　ISSN 2197-6716　(electronic)
essentials
ISBN 978-3-658-34175-6　　ISBN 978-3-658-34176-3　(eBook)
https://doi.org/10.1007/978-3-658-34176-3

Die Deutsche Nationalbibliothek verzeichnet diese Publikation in der Deutschen Nationalbibliografie; detaillierte bibliografische Daten sind im Internet über http://dnb.d-nb.de abrufbar.

Planung/Lektorat: Annika Denkert
Springer Spektrum ist ein Imprint der eingetragenen Gesellschaft Springer Fachmedien Wiesbaden GmbH und ist ein Teil von Springer Nature.
Die Anschrift der Gesellschaft ist: Abraham-Lincoln-Str. 46, 65189 Wiesbaden, Germany

Was Sie in diesem Band der *essentials* finden können

- eine konstruktive Einführung in die Graphentheorie mit einigen praxisrelevanten Algorithmen,
- wie man Rundwege in Graphen (oder Städten) finden kann;
- wie man aus einem Labyrinth wieder herausfindet oder als Postbote die effizienteste Route abläuft;
- wie man spannende Bäume findet und dies Handlungsreisenden bei der Reiseplanung hilft;
- wie man Graphen färbt mit möglichst wenig Farbe :-)

Viel Spaß!

Vorwort

Das Wort *Algorithmus* leitet sich aus dem Namen des arabischen Mathematikers *Al-Khwārizmī* ab, der im neunten Jahrhundert Verfahren zur Lösung quadratischer Gleichungen angab. Mit Algorithmus meint man heute ein Verfahren, welches zu einer bestimmten Eingabe (z. B. einer Gleichung) nach endlicher Zeit ein gewisses Ergebnis liefert (etwa die Lösungen), und die einzelnen hierfür notwendigen Schritte lesen sich dabei wie ein Kochrezept.

Die *Graphentheorie* ist ein junges und dynamisches Gebiet mit erstaunlich vielen Anwendungen innerhalb und außerhalb der Mathematik. Die Protagonisten lassen sich durch Zeichnungen mit Punkten und verbindenden Kanten visualisieren. Und durch Reduktion auf das Wesentliche lassen sich viele komplexe Zusammenhänge in den Kontext von Graphen bringen und manchmal sogar verbildlichen. Nicht selten genügt ein Minimum an mathematischem Vorwissen, um Interessantes zu diesen *Graphen* zu entdecken. Das sind doch die besten Gründe, jetzt gleich mit der Lektüre dieses Büchleins anzufangen…

Wir wollen hier insbesondere einige *konstruktive* Aspekte für einen *praktisch* motivierten Einstieg in die Graphentheorie aufgreifen. Viele der angesprochenen Algorithmen werden so oder in variierter Form im täglichen Leben verwendet, um lebensnahe Probleme zu lösen. Natürlich gibt es jenseits der hier angesprochenen Themen und Verfahren tatsächlich viele weitere Fragestellungen und Methoden in der Graphentheorie, die denselben Zweck erfüllen und die Graphentheorie bestens motivieren würden – unsere Auswahl ist also unserem guten Geschmack geschuldet –, auf jeden Fall wollten wir aber mit dem im letzten Kapitel angesprochenen Millenniumsproblem auf die Vielfalt graphentheoretischer Fragestellungen hinweisen.

In einem weiteren Band (Mönius et al.) der *essentials* geben wir eine anders fokussierte und eher theoretisch motivierte Einführung in die Graphentheorie. Beide Bande können unabhängig voneinander gelesen werden, aber gerne auch nebeneinander, sind sie doch als einander ergänzend und mit kleiner Schnittmenge konzipiert!

Eigentlich setzen wir keinerlei Kenntnisse der Mathematik voraus; wenn doch etwas Neues zu kurz erklärt werden sollte, dann kann vielleicht und hoffentlich die Lektüre von (Oswald und Steuding 2015) die Lücke schließen.

Unser Dank für die freundliche Unterstützung dieses eBüchleins gebührt Frau Dr. Annika Denkert, Dagmar Kern und insbesondere Madhipriya Kumaran, sowie dem weiteren Team vom Springer-Verlag.

Würzburg   Katja Mönius
im Dezember 2020   Jörn Steuding
                                                                                                               Pascal Stumpf

---

Bei der technischen Umsetzung haben wir insbesondere profitiert von LATEX mit TikZ und Mathematica (bei den Landkarten). Die Zeichnungen von Königsberg und der Turing-Maschine entstammen der Feder von Nicola Oswald und die vielen Graphen hat der drittgenannte Autor erstellt.

Inhaltsverzeichnis

Wie man Graphen zeichnet ohne den Stift abzusetzen

1

Wir beginnen mit einem Rätsel, dass der Mathematiker *Charles Lutwige Dodgson* und Autor von *Alice im Wunderland* (verfasst unter dem Pseudonym *Lewis Carrol*) vor über einhundert Jahren in die Welt setzte: *Ist es möglich, die nachstehende Figur zu zeichnen, ohne den Stift abzusetzen?*

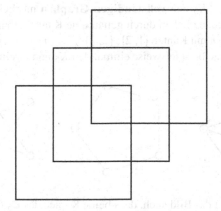

Der Mathematiker und Spieleentwickler *Thomas O'Beirne* fand für diese und andere Figuren eine bemerkenswerte Lösungsstrategie, die wir weiter unten vorstellen möchten. Zuerst jedoch wollen wir ein wenig in die Graphentheorie und deren Vokabular einführen, was insbesondere zeigt, inwiefern das obige Rätsel ein Ausgangspunkt für interessante mathematische Fragestellungen mit sogar weltlichen Anwendungen ist!

Ein **Graph** $G = (V, E)$ ist gegeben durch eine Menge V von **Ecken** und eine Menge E von **Kanten,** die jeweils aus ungeordneten Paaren von Ecken u, v bestehen

© Der/die Autor(en), exklusiv lizenziert durch Springer Fachmedien Wiesbaden GmbH, ein Teil von Springer Nature 2021
K. Mönius et al., *Algorithmen in der Graphentheorie*, essentials,
https://doi.org/10.1007/978-3-658-34176-3_1

und wir als $\{u, v\}$ notieren.[1] Hierbei kann es auch mehrere Kanten zwischen zwei Ecken geben, aber auf Kanten der Form $\{v, v\}$ verzichten wir im Folgenden. Zwei Ecken $u, v \in V$ heißen **benachbart** (bzw. **adjazent**), wenn es eine verbindende Kante gibt, d. h. $\{u, v\} \in E$. Hier ein Beispiel:

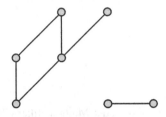

Wir betrachten im Folgenden nur endliche Graphen, also Graphen, die nur endlich viele Ecken und nur endlich viele Kanten besitzen. Am Schnellsten wird man mit neuen Begriffen dadurch vertraut, dass man Beispiele neben die Definitionen stellt. Für $n \geq 2$ bezeichnet K_n den **vollständigen Graphen** mit Ecken $1, 2, \ldots, n$, in dem je zwei verschiedene Ecken durch genau eine Kante verbunden sind, und C_n den **Kreis der Länge** n mit Kanten $\{1, 2\}, \{2, 3\}, \ldots, \{n-1, n\}, \{n, 1\}$. Im nachstehenden Bild findet man beispielsweise einmal den K_5 und zweimal den C_5 wieder:

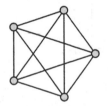 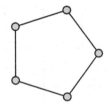 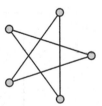

Tatsächlich suggeriert das Bild auch, dass beide Kopien des C_5 (rechts) zusammen den K_5 (links) ergeben; andererseits könnte es sich auch um einen einzigen Graphen bestehend aus drei Teilen handeln. Um dies präziser zu fassen, führen wir weiteres Vokabular ein und nennen einen Graphen $G = (V, E)$ **zusammenhängend,** wenn es zu je zwei Ecken $u, v \in V$ stets einen verbindenden **Weg** bestehend aus Ecken und Kanten gibt, also $u = v_0, v_1, \ldots, v_{k-1}, v_k = v \in V$ existieren, so dass $\{v_j, v_{j+1}\} \in E$ für $0 \leq j < k$; in diesem Fall besitzt der Weg die **Länge** k, und ferner heißt der Weg **geschlossen,** wenn $u = v$ gilt. Wir können einen solchen Weg oder auch andere Bestandteile, die der Definition eines Graphen gerecht werden, als einen

---

[1]Die Wahl der Buchstaben folgt hier den englischen Wörtern *vertices* und *edges*.

Teilgraphen von G auffassen. Ein Weg, in dem alle Kanten verschieden sind, nennen wir einen **Kantenzug.**

Die Figur vom Anfang können wir durch Einfügen von *Ecken* ⊙ an den Kreuzungen von Linien zu einem Graphen machen:

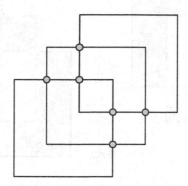

Die *Kanten* sind dann die geradlinigen und stückweise geradlinigen Verbindungsstrecken zwischen den Ecken.

Der Ansatz von *O'Beirne* zur Lösung des Einstiegsrätsels ist nun der Folgende: Benachbarte Flächen werden unterschiedlich gefärbt und zwar mit so wenigen Farben wie möglich (so dass keine Flächen dieselbe Farbe besitzen, wenn Sie mehr als einen gemeinsamen Randpunkt besitzen). In unserem Einstiegsbeispiel entsteht so die eingefärbte Figur, die ein wenig einer Seenplatte mit zwei weißen Inseln und runden Verbindungsschleusen ähnelt:

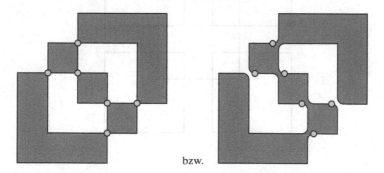

bzw.

wobei im Bild rechts die weißen Landmassen ein wenig verschoben wurden, so dass ein einziger See entstanden ist. Dafür haben wir an jeder Ecke entweder dem

Wasser oder dem Land etwas mehr Fläche zugestanden. Löschen wir nun wieder die Ecken, so entstehen

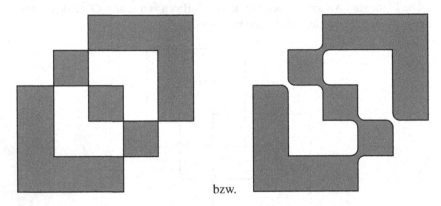

bzw.

und das Bild rechts liefert uns eine Anleitung, wie die Anfangsfigur gezeichnet werden kann – einfach der Uferlinie des Sees folgend – ohne den Stift dabei abzusetzen! Tatsächlich vereinfacht die Färbung der Figur erheblich, diese geschlossene Linie zu finden. Nachstehend eine ähnliche Figur, an der sich die neugierige Leserin selbst versuchen darf.

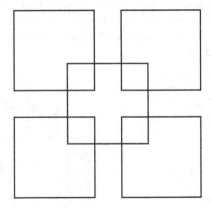

Diese Denksportaufgabe lässt sich leicht verallgemeinern und graphentheoretisch formulieren:

> *Gegeben ein beliebiger Graph, so ist ein Kantenzug zu finden,*
> *der sämtliche Kanten des Graphen genau einmal enthält.*

In dieser Allgemeinheit ist das Problem jedoch nicht lösbar. Beispielsweise besitzt der K_4 keinen solchen Kantenzug (wohl aber der K_5, und *das* vielleicht bekannteste Beispiel für einen solchen Kantenzug ist *das Haus des Nikolaus*). Für die verwandte und damals von Einheimischen heiß diskutierte Frage nach einem Rundweg über die Brücken des alten Königsbergs fand der junge *Leonhard Euler* 1736 eine (negative) Antwort (mehr dazu in Biggs et al. 1986; Mönius et al. 2021). Das folgende Bild suggeriert bereits die Einbettung des damaligen Problems in die im 18. Jahrhundert noch nicht entwickelte Graphentheorie:

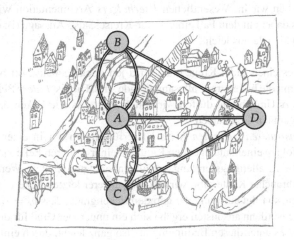

Für einen Rundgang, der jede Brücke genau einmal besucht, muss sicherlich jede Insel genauso oft besucht wie verlassen werden. Entsprechend definieren wir den **Grad** $d(v)$ einer Ecke v eines Graphen $G = (V, E)$ als die Anzahl der angrenzenden Kanten. *Euler*s Lösung der Frage nach einem solchen Rundgang ist deshalb verneinend, weil die Anzahlen der Brücken (Kanten) zu den verschiedenen Stadtteilen (Ecken) nicht gerade bzw. die Grade des zugehörigen Graphen ungerade sind. Nun möchte man diese Frage vielleicht auch für andere Städte lösen oder gar für beliebige Graphen. Wir nennen daher einen Kantenzug **eulersch,** wenn jede Kante von G enthalten ist (und damit also genau einmal auftritt). Ist dieser außerdem geschlossen, nennen wir ihn einen **Euler-Kreis.**

Den Fall allgemeiner Graphen behandelte 1879 *Carl Hierholzer:*

Charakterisierung von Euler & Hierholzer
Ein zusammenhängender Graph besitzt

(i) *genau dann einen Euler-Kreis, wenn die Grade sämtlicher Ecken gerade sind, und*

(ii) *genau dann einen eulerschen Kantenzug, wenn es höchstens zwei Ecken mit ungeradem Grad gibt.*

In der Mathematik müssen derartige Aussagen ordentlich *bewiesen* werden. Im Folgenden geben wir im Wesentlichen *Hierholzers* Argumentation wieder.[2] Wir begnügen uns dabei mit dem Fall eines Euler-Kreises, also Aussage (i); der Beweis von (ii) ergibt sich daraus leicht.

Beweis Gibt es einen Euler-Kreis, dann wird jede Ecke genauso oft besucht wie verlassen, womit die Eckengrade allesamt gerade sind. Dies ist *Eulers* Beitrag (s. o.). Für *Hierholzers* Umkehrung dürfen wir annehmen, dass alle Ecken des Graphen $G = (V, E)$ geraden Grad haben.

Zuerst konstruieren wir einen Kreis.[3] Hierfür starten wir in einer beliebigen Ecke v_0 und folgen einer anhängenden Kante zu einer weiteren Ecke v_1 und fahren dort genauso fort, allerdings entlang soweit unbenutzter Kanten. Wenn es keine weitere unverbrauchte Kante gibt, wir also aus unserer letzten Ecke v_r nicht mehr weiterkommen, so folgt aufgrund der geraden Eckengrade, dass $v_r = v_0$ gleich der Ausgangsecke ist (denn ansonsten ergäbe sich ein ungerader Grad für die Ecke v_r).

Insofern ist es unter diesen Bedingungen also ganz leicht, durch einfaches Loslaufen *einen* Kreis zu schließen! Ist dieser Kreis, nennen wir ihn τ_0, bereits ein Euler-Kreis, so sind wir fertig; i.A. liegt allerdings kein Euler-Kreis vor.

---

[2]die übrigens, wie dieser in seiner Publikation ehrlich anmerkt, auf Ideen von *Johann Benedict Listing* basiert; siehe hierzu (Biggs et al. 1986, S. 12).
[3]Wir suchen also einen Teilgraphen von G, der gleich einem Kreis C_n ist.

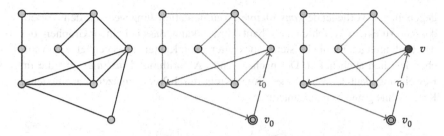

In diesem Fall gibt es eine Ecke v in τ_0, die eine Kante besitzt (und dann tatsächlich mindestens zwei solche), die nicht zu τ_0 gehört, und dieselbe Konstruktion wie für τ_0 liefert nun einen weiteren Kreis τ_1, wobei wir uns alle Kanten von τ_0 als entfernt vorstellen. Die beiden Kreise τ_0 und τ_1 haben dann die Ecke v gemeinsam, jedoch keine gemeinsame Kante. Deshalb können die beiden Kreise τ_0 und τ_1 zu einem einzigen Kreis τ durch Abzweigen bei v von dem einen Kreis in den anderen verschmolzen werden. Dieses Bilden von Kreisen lässt sich offensichtlich solange fortführen, bis alle Kanten abgearbeitet wurden. Durch das entsprechende Verschmelzen der Kreise entsteht so schließlich ein gewünschter Euler-Kreis. Aussage (i) ist nun vollständig bewiesen.

Das obige Argument liefert *eine Zerlegung der Kanten in lauter Kreise, wobei keine zwei eine gemeinsame Kante besitzen;* der Euler-Kreis ergibt sich dann durch sukzessives Ablaufen dieser Kreise. Das nachstehende Bild zeigt das Beispiel eines Graphen mit einer derartigen Zerlegung in Kreise C_3, C_4 und C_5 (links) und einem aus diesen durch Verschmelzung gefundenen Euler-Kreis (rechts):

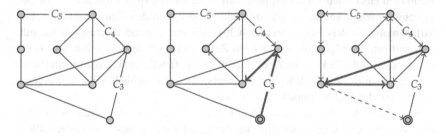

Die Beweisidee der Charakterisierung von Euler und Hierholzer weist mit den verschiedenen Kreisen und deren Verschmelzung eine Parallele zu *O'Beirne*s Lösung des Eingangrätsels auf.[4] In Mönius et al. (2021) haben wir einen anderen Beweis

---

[4]Wir wagen die Vermutung, dass *O'Beirne* womöglich von *Hierholzer*s Beweisführung inspiriert war.

gegeben; die vorliegende *konstruktive* Argumentation hingegen hat den Vorteil, dass sie zu einem Verfahren ausgebaut werden kann, dass bei einem Graphen, der den Bedingungen für die Existenz eines eulerschen Kantenzuges genügt, einen solchen letztlich auch liefert. Der nachstehende Algorithmus *konstruiert* auf die im Beweis angedeutete Weise einen Euler-Kreis durch Verschmelzen verschiedener Kreise ohne gemeinsame Kanten:

Der Hierholzer-Algorithmus
Gegeben ein zusammenhängender Graph mit geraden Eckengraden.
1. Wähle eine Ecke v_0 und konstruiere einen Kreis τ_0 gemäß des obigen Beweises.
2. Ist τ_0 ein Euler-Kreis, so beende den Algorithmus mit Ausgabe dieses Euler-Kreises.
3. Lösche alle Kanten des Kreises τ_0 und wähle eine Ecke v in τ_0 mit noch unbenutzten angrenzenden Kanten und konstruiere hierzu einen Kreis τ_1.
4. Verschmelze die beiden Kreise τ_0 und τ_1 zu einem Kreis τ und fahre mit diesem τ anstelle von τ_0 in Schritt 2 fort.

Wenn man tatsächlich einen Computer mit diesem (oder späteren in diesem Büchlein auftretenden) Verfahren füttern möchte, sollte man den Graphen durch seine **Adjazenzmatrix** darstellen; dabei handelt es sich um ein quadratisches Schema mit ganzzahligen Einträgen, die in der i-ten Zeile und j-ten Spalte zählen, wie viele Kanten es von der Ecke i zur Ecke j gibt. Diese Tabelle enthält damit sämtliche Informationen des zugrundeliegenden Graphen. Der Einfachheit halber verzichten wir hier auf derartige technische Feinheiten.

Bei einem Algorithmus ist nicht nur relevant, dass er schließlich terminiert, sondern auch wie lange er benötigt (im Mittel oder im ungünstigsten aller Fälle). Beim Algorithmus von Hierholzer lässt sich eine lineare Laufzeit in der Anzahl der Ecken und Kanten nachweisen, was letztlich bedeutet, dass es sich um ein *schnelles* Programm handelt. Mehr zu diesem Thema findet sich im letzten Kapitel. Für eine noch detailliertere Beschreibung des obigen Verfahrens verweisen wir auf (Krumke und Noltemeier 2005); dort wird auch der Fall sogenannter *gerichteter* Graphen behandelt, bei denen den Kanten eine Richtung mitgegeben ist (wie einer

Einbahnstraße im Straßenverkehr). Für unsere Zwecke genügt das obige *Kochrezept* und das nachstehende explizite Beispiel:

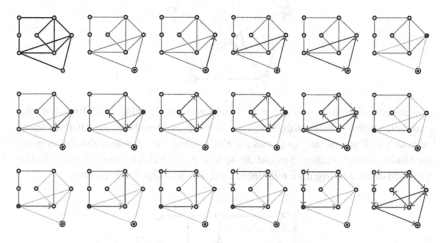

Es ist sicherlich sinnvoll, die Anweisungen des Algorithmus nicht nur an einem Graphen nachzuvollziehen, wofür wir den Leser hiermit animieren, das Verfahren an eigenen Beispielen selbst auszuprobieren.[5]

Wo werden deratige Algorithmen verwendet? Ein naheliegendes Beispiel liefert das Postaustragen. Ein Briefträger möchte dabei idealerweise jede Straße seines Bezirks nur einmal ablaufen, womit ein Euler-Kreis erstrebenswert ist; oft genug lässt das Stadtbild dessen Existenz aber nicht zu. In diesem Fall ist es dann wünschenswert, Wiederholungen zu minimieren. Diese Fragestellung wurde zuerst von dem chinesischen Mathematiker *Meigu Guan* 1962 untersucht, weshalb in einiger Literatur vom *Problem des chinesischen Postboten* die Rede ist. Die Leserin mag sich an der Suche nach einem sinnvollen Weg entlang aller Kanten des nachstehenden **Petersen-Graphen** versuchen:

---

[5]Die Leserin kann auf der wunderbaren interaktiven Webseite www-m9.ma.tum.de/graph-algorithms/hierholzer/index_de.html eigene Beispiele untersuchen.

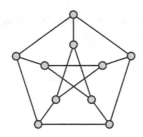

Eine andere, vielleicht weniger praxisorientierte Anwendung sind Irrgärten, die schon seit langem Menschen und Monster faszinieren. Der Minotaurus hat in seinem Labyrinth in Knossos auf Kreta leckere Kekse versteckt, die dem Krümelmonster den Mund wässrig machen. Sowohl die Kekse als auch das Krümelmonster sind in dem nachstehenden Irrgarten mit einem *Doppelpunkt* ◎ gekennzeichnet:

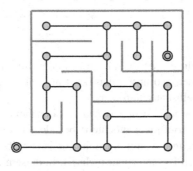

Wie gelangt man zu den Keksen? Klar, simples Ausprobieren hilft bei diesem einfachen Labyrinth! Für den allgemeinen Fall erinnert sich das Krümelmonster an das Konzept der Euler-Kreise und ordnet dem Labyrinth einen Graphen zu: Überall, wo eine Entscheidung beim Ablaufen möglich ist, setzt es eine Ecke; dazwischen liegen Kanten für die ablaufbaren Wege. Und nun die Idee: Jede Kante wird verdoppelt, womit ein Graph entsteht, der zusammenhängend ist (wenn man tatsächlich zu den Keksen gelangen kann), und bei dem alle Ecken offensichtlich geraden Grad haben. Nach der obigen Charakterisierung gibt es also einen Euler-Kreis und mit dem Hierholzer-Algorithmus findet das Krümelmonster sicher einen solchen. Weil dieser Euler-Kreis alle Kanten abläuft, liegen die Kekse sicherlich auf dem Weg.

Tatsächlich gibt es beispielsweise mit dem Algorithmus von *Gaston Tarry* ein effizienteres Verfahren, sich in Irrgärten zurechtzufinden. Moderne Spielarten dieser Fragestellung verbergen sich unter klangvollen Namen wie *robot navigation in unknown terrains* und auf eine lesenswerte Arbeit (Rao et al. 1993) gleichen Titels verweisen wir in der Literaturliste am Ende dieses Büchleins.

Wie man spannende Bäume findet

2

Bäume sind von großer Bedeutung für unser Leben auf der Erde, und sogar in der Graphentheorie spielen Bäume eine wichtige Rolle. Doch wo könnten sie hier nur auftreten? Um mehr darüber herauszufinden, begleiten wir (den aus der Sesamstraße bekannten) Graf Zahl in einer kleinen Geschichte rundum sein Schloss, das von einem wundervollen Wald voller Bäume umgeben ist. Alles begann vor knapp einer Woche mit einem Brief vom Krümelmonster:

„Lieber Graf Zahl, du wirst es nicht für möglich halten, aber heute habe ich es tatsächlich geschafft, an die leckeren Kekse zu gelangen, die der Minotaurus in seinem Labyrinth in Knossos auf Kreta versteckt hat. Sie schmecken einfach wunderbar, doch wenn ich ihre Rezeptur nur mit der deiner besten Kekse kombinieren könnte, das wäre ein Traum. Als kleines Dankeschön habe ich auch etwas ganz besonderes für dich. Vor meiner Reise nach Griechenland ist mir auf dem Weg um dein Schloss wieder eingefallen, wie gerne du in letzter Zeit mehr über deinen Wald erfahren möchtest. Es hat mich (beinahe) eine kekslose Nacht gekostet, doch ich bin mehr als stolz, dir auf den folgenden Seiten alles vorzustellen, was ich mit der Hilfe deiner Verwandten – den Graphen – herausfinden konnte. Viele Grüße und bis in einer Woche am Waldrand im Wirtshaus zum *Goldenen Keks,* dein Krümelmonster."

Graf Zahl ist kaum am Ende des Briefes angekommen, da strahlen seine Augen vor Freude. Könnte es sein, dass das Krümelmonster vielleicht sogar eine Möglichkeit gefunden hat, wie man endlich alle Bäume im Wald um sein Schloss zählen kann? Sofort blättert er auf die nächste Seite, wo ihn zuerst vier kleine Graphen erwarten:

© Der/die Autor(en), exklusiv lizenziert durch Springer Fachmedien Wiesbaden GmbH, ein Teil von Springer Nature 2021
K. Mönius et al., *Algorithmen in der Graphentheorie,* essentials,
https://doi.org/10.1007/978-3-658-34176-3_2

Oh nein! Das Krümelmonster hat seine Gedanken scheinbar eher kurz und knapp aufgeschrieben. Aber immerhin lassen sich in den nächsten Zeilen darunter noch ein paar Definitionen erkennen.

Ein **Baum** ist ein zusammenhängender und **kreisfreier** Graph (ohne Mehrfachkanten), der also keinen Kreis bzw. geschlossenen Weg (in dem sich mindestens ein Kreis versteckt) als Teilgraphen enthält. Noch eine Stufe allgemeiner ist ein kreisfreier Graph auch als **Wald** bekannt. Insbesondere entsprechen Bäume also genau den zusammenhängenden Wäldern.

Bei dem ersten Graphen (von oben), der wie eine Blume aussieht, handelt es sich demnach ebenso aus Sicht der Graphentheorie nicht um einen Baum, da er mit C_4 als Blüte einen Kreis enthält, genauso wie die kleine Maus daneben, die zusätzlich auch nicht zusammenhängend ist. Das Auge bildet hier eine **isolierte** Ecke ohne benachbarte Ecken. Ganz ähnlich finden wir in den beiden verbliebenen Graphen gleich mehrere Ecken, die jeweils als **Blatt** zu nur einer anderen Ecke benachbart sind. Diese beiden Graphen stellen sich jedoch schnell als Bäume heraus, und bilden gemeinsam (als ein Graph betrachtet) einen Wald.

Nachdem Graf Zahl alle vier Beispiele nachvollzogen hat, ist seine Neugier zu Graphen – seinen Verwandten – noch mehr geweckt. In der Tat handelt es sich bei Bäumen um die im folgenden Sinne **extremalen** Graphen unter den zusammenhängenden bzw. kreisfreien Graphen:

Charakterisierung von Bäumen
Es sei $G = (V, E)$ ein Graph. Dann sind die folgenden drei Aussagen äquivalent:

(i) G ist ein Baum.

(ii) G ist minimal zusammenhängend, d. h. sobald irgendeine Kante e aus E entfernt wird, ist der entstehende Graph $(V, E \setminus \{e\})$ nicht mehr zusammenhängend.

(iii) G *ist* maximal *kreisfrei, d. h. sobald irgendeine neue Kante e hinzuge-fügt wird, die noch nicht in E vorhanden war, gibt es im entstehenden Graphen* $(V, E \cup \{e\})$ *einen Kreis.*

Auf der Rückseite hat das Krümelmonster sogar einen **Beweis** skizziert, den wir hier noch etwas genauer vorstellen möchten.

Gelingt es die Kette (i) $\Rightarrow$ (ii) $\Rightarrow$ (iii) $\Rightarrow$ (i) mit drei Implikationen zu beweisen, dann könnte man aus jeder der drei Aussagen schon jede der anderen Aussagen folgern, und so alle drei paarweise möglichen Äquivalenzen (i) $\Leftrightarrow$ (ii), (ii) $\Leftrightarrow$ (iii) und (iii) $\Leftrightarrow$ (i) nachweisen. Dieses mathematische Beweisverfahren ist auch als **Ringschluss** bekannt.

Als erstes zeigen wir (indirekt) die Implikation von (i) nach (ii): Angenommen, G ist ein Baum, aber nicht minimal zusammenhängend. Dann existiert eine Kante $e = \{v, w\}$ in G, nach deren Entfernen der Graph $G' = (V, E \setminus \{e\})$ immer noch zusammenhängend ist. Folglich existiert in G' ein Weg von v nach w, der im ursprünglichen Graphen G mit der Kante e zusammen einen geschlossenen Weg (mit einem Kreis) bilden würde, was in G als Baum aber nicht sein kann. Es verbleibt also nur, dass G doch minimal zusammenhängend ist.

Nun zeigen wir, dass (iii) aus (ii) folgt: Falls G minimal zusammenhängend ist, so muss G kreisfrei sein. Gibt es nämlich einen Kreis der Länge m ($\geqslant 3$) aufeinanderfolgender Ecken $v_1, v_2, \ldots, v_m$, so dürften wir etwa noch die Kante $e = \{v_1, v_m\}$ aus ihm entfernen, ohne den Zusammenhang in G zu verlieren, weil jeder Weg über die Kante e auch noch den Umweg über $v_1, v_2, \ldots, v_m$ gehen kann. Da G zusammenhängend ist, existiert auf alle Fälle ein Weg zwischen je zwei nicht benachbarten Ecken v und w. Nach dem Hinzufügen der Kante $e = \{v, w\}$ würde sich im so entstehenden Graphen $(V, E \cup \{e\})$ dann ein geschlossener Weg (mit einem Kreis) ergeben. Aufgrund der beliebigen Wahl von v und w ist G daher sogar maximal kreisfrei.

Wir *runden* den Beweis ab, indem wir aus (iii) noch (i) herleiten: Falls G maximal kreisfrei ist, so erzeugt das Hinzufügen einer Kante e zwischen zwei *beliebigen* nicht benachbarten Ecken v und w stets einen Kreis C im so entstehenden Graphen $(V, E \cup \{e\})$. Aus der Sicht vom ursprünglichen Graphen G liefert der Kreis C ohne die Kante e immer noch einen Weg zwischen v und w. Somit ist G nicht nur kreisfrei (wie angenommen) sondern auch zusammenhängend, also ein Baum.

Das ist wirklich erstaunlich, aber auch genug für heute, denkt sich Graf Zahl. Doch wie gerne würde er vor dem Schlafengehen eigentlich noch etwas zählen, und so wagt er einen Blick auf die nächste Seite.

Anzahl der Blätter und Kanten in Bäumen
Ein Baum $B = (V, E)$ mit $n \geqslant 2$ Ecken hat mindestens zwei Blätter und genau $n - 1$ Kanten.

Das Krümelmonster kennt Graf Zahl mittlerweile einfach gut, und hat neben der quantitativen Aussage, die Graf Zahl besonders mag, gleich auch wieder einen **Beweis** für sie parat:

Dafür betrachten wir im Baum B einen Kantenzug $v_0, v_1, \ldots, v_m$ größtmöglicher Länge m, der jede Ecke höchstens einmal besucht. Die Ecken $v_0, v_1, \ldots, v_m$ sind also paarweise verschieden. In der Tat handelt es sich bei v_0 und v_m dann bereits um zwei Blätter: Andernfalls würde v_0 (bzw. v_m) neben v_1 (bzw. v_{m-1}) noch einen weiteren Nachbarn u besitzen, der nicht unter den Ecken $v_2, \ldots, v_m$ vorkommt, denn sonst wäre $v_i = u$ für ein $i \in \{2, \ldots, m\}$ und $v_0, v_1, \ldots, v_i = u, v_0$ ein geschlossener Weg (mit Kreis) in B. Allerdings bilden nun $u, v_0, v_1, \ldots, v_m$ sogar einen noch längeren einfachen Weg (der um eins größeren Länge $m + 1$), im Widerspruch zur ursprünglich maximalen Wahl von m.

Man überprüft leicht, dass nach Entfernen eines Blattes mit seiner Kante aus einem Baum der so entstehende Graph wieder ein Baum ist. Wir können aus B daher Schritt für Schritt ein Blatt nach dem anderen entfernen, bis nach Entfernen von $n - 1$ solchen Ecken schließlich nur noch eine letzte Ecke verbleibt.

Ein Baum hat folglich wie behauptet genau eine Kante weniger als Ecken, stellt Graf Zahl fröhlich fest, bevor er nur ein paar Augenblicke später zufrieden einschläft. Am nächsten Morgen wacht er voller Energie und Spannung auf. Mittlerweile hat er schon viel Interessantes über Bäume kennengelernt, doch was hat das Krümelmonster nur damit vor? Alles wird klarer, als er auf der (ebenfalls hier) nächsten Seite einen großen Graphen $G = (V, E)$ findet, in dem das Krümelmonster alle möglichen Pfade durch den Wald um sein Schloss als Kanten mit entsprechenden Treffpunkten als Ecken eingezeichnet hat. Graf Zahl ist sehr begeistert, und als er auf sein Schloss blickt, das mit einem *Doppelpunkt* ◎ markiert ist, fragt er sich, *ob man von dort aus vielleicht sogar mit nur einem Teil aller Pfade immer noch an jeden der acht anderen Treffpunkte gelangen kann.*

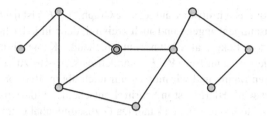

Wir suchen also nach einem Teilgraphen B, der alle Ecken enthält und gleichzeitig minimal zusammenhängend ist. Ein solcher (den Graphen G aufspannender) Baum $B = (V, E')$ mit $E' \subset E$ wird auch **Spannbaum** (oder **spannender** Baum) von G genannt. Zunächst ist noch nicht klar, ob überhaupt ein Spannbaum existiert, jedoch lässt das Krümelmonster wie gewohnt nicht lange mit einer Lösung auf sich warten:

Existenz von Spannbäumen
Jeder zusammenhängende Graph enthält mindestens einen Spannbaum.

Mit der Hilfe des folgenden Algorithmus, der uns zeigt, wie man einen solchen Spannbaum finden kann, gelingt für die Existenzaussage sogar ein konstruktiver **Beweis:**

Algorithmus zum Finden eines Spannbaums
Gegeben ein zusammenhängender Graph $G = (V, E)$.
1. Setze $V' = \{\}$ und $E' = \{\}$ als leere Mengen fest (in denen der Algorithmus dann die Ecken und Kanten für einen Spannbaum von G sammelt).
2. Wähle eine Ecke $v_0 \in V$ aus und füge sie in V' ein.
3. Ist $V' = V$, so beende den Algorithmus und gib (V, E') als einen Spannbaum von G zurück.
4. Wähle eine Kante $e = \{v, w\} \in E$ aus, die eine schon besuchte Ecke $v \in V'$ mit einer noch nicht besuchten Ecke $w \in V \setminus V'$ verbindet.
5. Füge die Kante e in E' sowie die Ecke w in V' ein und fahre in Schritt 3 fort.

Der vom Algorithmus schrittweise aufgebaute Graph (V', E') ist nach Konstruktion auf alle Fälle zusammenhängend und auch kreisfrei, denn in jeder Iteration kommt immer nur eine neue Ecke w als Blatt mit entsprechender Kante e hinzu, womit sich kein Kreis schließen kann. Bei (V', E') handelt es sich also zu jedem Zeitpunkt wirklich um einen Baum, und wir müssen nur noch überprüfen, ob am Ende stets $V' = V$ erreicht wird. Hierfür ist in Schritt 4 entscheidend, dass man immer eine wie dort gewünschte Kante e finden kann. Da G zusammenhängend ist, findet man zumindest einen Weg $v_1, v_2, \ldots, v_m$, der mit einer Ecke v_1 in V' startet und mit einer Ecke v_m in $V \setminus V'$ endet. Ist nun $i \in \{2, \ldots, m\}$ der kleinste Index, so dass v_i in $V \setminus V'$ liegt (spätestens bei $i = m$), dann ist durch $e = \{v_{i-1}, v_i\}$ sicher eine solche gesuchte Kante gegeben.

Gerade eben möchte Graf Zahl anfangen mithilfe des Algorithmus einen Spannbaum zu finden, da sieht er auf einmal ganz leicht Zahlen entlang der Kanten durch das Papier schimmern. Auf der anderen Seite hat das Krümelmonster doch tatsächlich auch noch die echten Längen aller Pfade in Kilometern eingetragen (wobei man nun erkennen kann, dass einige der Pfade in Wirklichkeit kurviger sein müssen, oder über Berge und Täler verlaufen, damit die Angaben stimmen können):

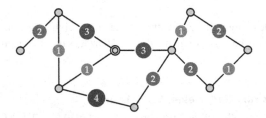

In einem solchen **gewichteten** Graphen $G = (V, E)$ ist also zusätzlich jeder Kante e aus E ein nicht-negatives **Kantengewicht** (oder einfacher nur **Gewicht**) zugeordnet, das wir mit $c(e)$ bezeichnen. Die Summe der Gewichte aller Kanten nennen wir **Kosten** von G und notieren diese mit $c(G)$.

Aus dieser neuen Sicht wäre es nun natürlich wünschenswert, einen Spannbaum mit möglichst geringen Kosten zu finden. Nach einer Weile kommt Graf Zahl wie ein Blitz die Idee: Wenn man in Schritt 4 bei der Wahl der Kante e unter den gerade verfügbaren Kanten einfach (genau wie das Krümelmonster manchmal bei seinen Keksen) ein wenig gierig handelt, und die mit dem (lokal) minimalen Gewicht $c(e)$ nimmt, dann erhält man so mit ein bisschen Glück vielleicht sogar einen **minimalen Spannbaum** der kleinstmöglichen Kosten. Dieser **Greedy**-Algorithmus (siehe nächste Seite) wurde erstmals 1930 von *Vojtěch Jarník* entwickelt, allerdings ist er heute in der Literatur (vgl. Krumke und Noltemeier 2005) als *Algorithmus von Prim* bekannt, denn rund 30 Jahre später wurde er von *Robert Clay Prim* (und unabhängig *Edsger Wybe Dijkstra*) wiederentdeckt. Er gibt uns sogar in der Tat stets einen minimalen Spannbaum zurück:

Algorithmus von Prim
(zum Finden eines *minimalen* Spannbaums)
Gegeben ein zusammenhängender, gewichteter Graph
$G = (V, E)$.
1. Setze $V' = \{\}$ und $E' = \{\}$ als leere Mengen fest (in denen der Algorithmus dann die Ecken und Kanten für einen minimalen Spannbaum von G sammelt).
2. Wähle eine Ecke $v_0 \in V$ aus und füge sie in V' ein.
3. Ist $V' = V$, so beende den Algorithmus und gib (V, E') als einen minimalen Spannbaum von G zurück.
4. Wähle eine Kante $e = \{v, w\} \in E$ aus, die eine schon besuchte Ecke $v \in V'$ mit einer noch nicht besuchten Ecke $w \in V \setminus V'$ verbindet und (unter allen solchen Kanten) minimales Gewicht $c(e)$ hat.
5. Füge die Kante e in E' sowie die Ecke w in V' ein und fahre in Schritt 3 fort.

Für einen **Beweis** nehmen wir einen beliebigen minimalen Spannbaum B mit Kantenmenge E^* und führen vor, wie wir B durch Austauschen von Kanten schrittweise in einen beliebigen vom Algorithmus zurückgegebenen Spannbaum $B' = (V, E')$ mit denselben minimalen Kosten $c(B') = c(B)$ umwandeln können.

Falls bereits $B = B'$ ist, dann gilt $c(B') = c(B)$, und wir sind fertig. Andernfalls sei $e = \{v, w\}$ eine Kante aus B', die nicht in B vorkommt, wobei V' die Menge zu der Iteration in Schritt 4 sei, in der e vom Algorithmus ausgewählt wurde. Da B zusammenhängend ist, gibt es dort einen Kantenzug $v_1, v_2, \ldots, v_m$, der mit $v_1 = v$ in V' startet und mit $v_m = w$ in $V \setminus V'$ endet. Genauso wie im letzten Beweis findet man für ein $i \in \{2, \ldots, m\}$ auf diesem Kantenzug eine Kante $e^* = \{v_{i-1}, v_i\}$ in E^* mit $v_{i-1} \in V'$ und $v_i \in V \setminus V'$. Aufgrund der optimalen Wahl von e in Schritt 4 gilt hier $c(e^*) \geqslant c(e)$. Ersetzen wir in B nun e^* durch e, so ist der entstehende Graph $B^* = (V, (E^* \setminus \{e^*\}) \cup \{e\})$ wieder ein Spannbaum, weil e^* auf dem Kreis liegt, der durch Hinzunahme von e zum Kantenzug $v_1, v_2, \ldots, v_m$ entsteht. Neben $c(B^*) \geqslant$

$c(B)$ ist folglich auch noch die Ungleichung $c(B^*) = c(B) - c(e^*) + c(e) \leqslant c(B)$ erfüllt, was gemeinsam $c(B^*) = c(B)$ bedeutet.

Verfahren wir genauso für jede weitere solche Kante aus B', welche nicht in B enthalten ist, dann erreichen wir schrittweise ohne Erhöhung der Kosten den vom Algorithmus gefundenen Graphen B' mit den weiterhin minimalen Kosten $c(B') = c(B)$.

Nun kann es Graf Zahl wirklich kaum mehr abwarten, den weiter ausgebauten Algorithmus auf seinen Graphen anzuwenden: Er startet beim Schloss als Ecke v_0. Unter den drei möglichen Kanten aus v_0 hat nur eine das hier minimale Gewicht 1.

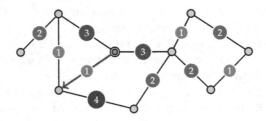

Ganz ähnlich ergeben sich auch die nächsten vier Kanten über Schritt 4 nacheinander eindeutig, erst zwei Kanten links von v_0 und dann nach einem kleinen Sprung noch zwei Kanten rechts davon.

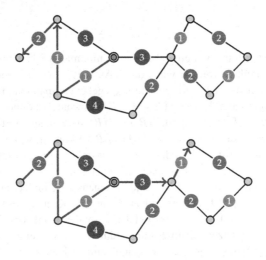

Im nächsten Schritt stehen das erste Mal gleich drei Kanten mit aktuell minimalen Gewicht 2 zur Auswahl, aus denen man frei wählen darf.

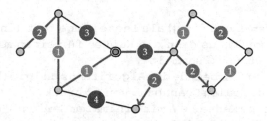

Nach der Entscheidung für die linke und dann rechte untere Kante verbleibt in der letzten Iteration die Kante mit Gewicht 1 als beste Wahl.

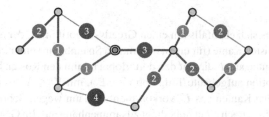

Insgesamt haben wir so einen minimalen Spannbaum mit

$$1 + 1 + 2 + 3 + 1 + 2 + 2 + 1 = 13$$

(Kilometern) als Kosten gefunden.

An dieser Stelle möchten wir noch einen anderen, weit verbreiteten Algorithmus zum Finden eines minimalen Spannbaums vorstellen, der auf *Joseph Bernard Kruskal* um 1956 zurückgeht.

Algorithmus von Kruskal

Gegeben ein zusammenhängender, gewichteter Graph
$G = (V, E)$.

1. Setze $L = E$ und $E' = \{\}$ als leere Menge fest (in welcher der Algorithmus dann die Kanten für einen minimalen Spannbaum von G sammelt).
2. Ist L leer, so beende den Algorithmus und gib (V, E') als einen minimalen Spannbaum von G zurück.
3. Wähle eine Kante $e \in L$ mit minimalem Gewicht $c(e)$ aus.
4. Ist $(V, E' \cup \{e\})$ kreisfrei, so füge e in E' ein.
5. Entferne e aus L und fahre in Schritt 2 fort.

Dabei handelt es sich ebenfalls um einen Greedy-Algorithmus, der aber beim Aussuchen der nächsten Kante (für einen minimalen Spannbaum) unter *allen* noch nicht überprüften Kanten aus L die mit den dort global minimalen Kosten betrachtet. Der nach einer Iteration aufgebaute Teilgraph (V', E'), mit $V' \subset V$ als die Menge der Ecken, die in den Kanten aus E' vorkommen, ist dann wegen Schritt 4 zwar stets kreisfrei, allerdings noch nicht unbedingt zusammenhängend. Im Gegensatz dazu ist der vom vorherigen Algorithmus (lokal) aufgebaute Teilgraph (V', E') von Anfang an zu jedem Zeitpunkt ein Baum.

Zurück bei Graf Zahl ist inzwischen knapp eine Woche vergangen, und nach einer kürzeren Wanderung als jemals zuvor ist er gerade am *Goldenen Keks* angekommen, wo ihn das Krümelmonster schon freudig mit einer vom Minotaurus persönlich angefertigten Truhe voller neuer Kekse erwartet. Nach einer Umarmung würde es Graf Zahl am liebsten gleich von den leckeren Keksen probieren lassen, aber leider wacht über der Truhe ein kleiner Fluch. Möchte man aus ihr speisen, so muss man zunächst ohne fremde Hilfe mit nur drei Fragen die genaue Anzahl der Kekse in ihr erraten, von der nur bekannt ist, dass sie zwischen 1 und 8 liegt. Außerdem kann ein winziger Geist, der seit ewigen Zeiten in ihr wohnt, auf eine Frage jeweils nur mit „ja" oder „nein" antworten.

Sofort beginnt Graf Zahl alle seine Gedanken zu sammeln, und als er durch die Bäume um sich sieht, da kommt ihm auf einmal eine Idee: *Es ist wieder mal ein Baum, der uns helfen kann,* und so zeichnet er Schritt für Schritt den folgenden

Graphen auf ein Papier, wobei x für die noch unbekannte Anzahl von Keksen in der Truhe steht:

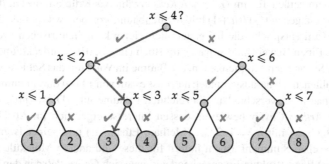

Als erstes fragt Graf Zahl den Geist also, ob sich in der Truhe vier oder weniger Kekse befinden, woraufhin der Geist „ja" antwortet, und damit $x \in \{1, 2, 3, 4\}$ verrät. Nun fragt Graf Zahl weiter, ob in der Truhe zwei oder weniger Kekse sind, was der Geist mit „nein" beantwortet. Es verbleibt $x \in \{1, 2, 3, 4\} \setminus \{1, 2\} = \{3, 4\}$, und Graf Zahl braucht nur noch einmal mehr nachfragen, ob in der Truhe drei (oder weniger) Kekse auf ihn warten, was der Geist schließlich mit „ja" sogar bestätigt.

Der kleine Trick besteht darin, dass sich die Anzahl der möglichen Werte für x nach jeder Frage (unabhängig von der jeweiligen Antwort) halbiert, also nach drei Fragen wegen $((8/2)/2)/2 = 1$ immer nur ein möglicher Wert für x übrig bleibt. Auf dieser Idee beruhen auch **binäre Suchbäume,** die in der Informatik häufig als Datenstruktur verwendet werden, um Datensätze über ihre eindeutigen Schlüssel(zahlen) schnell abspeichern und wiederfinden zu können:

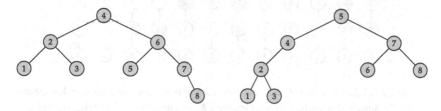

Man beginnt mit einer Ecke als *Wurzel* des Suchbaums, in welcher der erste Schlüssel abgelegt ist. Dann werden weitere Datensätze über ihre Schlüssel als Blätter an schon vorhandene Ecken angehängt, so dass jede Ecke als *Elternknoten* gesehen nach unten (bei einem binären Baum) mit bis zu zwei Ecken benachbart ist, die *Kinder* heißen. Dabei muss sichergestellt sein, dass alle Schlüssel des Teilbaums

mit dem linken Kind als Wurzel stets kleiner und alle Schlüssel des Teilbaums mit
dem rechten Kind als Wurzel stets größer als der Schlüssel des Elternknotens sind.
Bei einem heißen Tee im *Goldenen Keks* erzählt das Krümelmonster, dass sich
auf n Ecken so genau $\binom{2n}{n}/(n+1)$ binäre Suchbäume ergeben, was gerade der n-ten
Catalan-Zahl entspricht, die bei erstaunlich vielen kombinatorischen Problemen
auftaucht. Einen Beweis hierfür hat es im Buch (Bóna 2016) entdeckt, über das es
auf seiner Suche nach Möglichkeiten, die Bäume im Wald um das Schloss von Graf
Zahl zu zählen, noch herausgefunden hat, dass es auf von 1 bis n durchnummerierten
Ecken genau n^{n-2} verschiedene (bezeichnete) Bäume gibt. Dies wurde erstmals
1889 von *Arthur Cayley* bewiesen, dessen Interesse eigentlich im Abzählen der
Alkane $H_n C_{2n+2}$ mit $n = 1, 2, \ldots$ (Methan, Ethan, …) und seiner Isomere lag.
Die chemischen Summenformeln liefern für diese und andere Moleküle nämlich
jeweils eine Baumstruktur. Entsprechend widmete sich *Georg Pólya* in den 1930ern
u. a. den Alkoholen (mit einer oder mehreren O − H-Gruppen) und entwickelte
seine allgemeine Abzähltheorie dieser und verwandter Strukturen (siehe Pólya und
Read 1987). Das Krümelmonster ist hingegen mehr auf Kekse fixiert und kritzelt
für $n = 4$ eifrig alle $4^{4-2} = 16$ möglichen Bäume auf Graf Zahls Serviette:

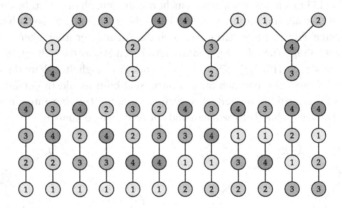

Als Graf Zahl dabei bemerkt, dass die bezeichneten Bäume auf n Ecken den „span-
nenden" Bäumen des vollständigen Graphen K_n entsprechen, sind beide überglück-
lich, und lassen sich zur Feier des Tages auch noch den allerletzten Keks aus der
Truhe gemeinsam schmecken.

Wie man einen Städtetrip ~~optimal~~ plant

3

Im ersten Kapitel haben wir bereits das Problem des chinesischen Postboten kennengelernt, bei dem zu einer vorgegebenen Menge an Straßen, in denen Post verteilt und dabei eine möglichst effiziente Route zum Ablaufen dieser gefunden werden soll. Wir haben uns überlegt, dass sich dieses Problem durch die Suche von Euler-Kreisen gut lösen lässt. Was aber passiert, wenn wir uns nicht bestimmte Wege bzw. Straßen vorgeben, sondern verschiedene Orte, die wir in einer möglichst sinnvollen Reihenfolge besuchen wollen? Diese Fragestellung ist als *Problem der Handlungsreisenden* (oder im Englischen *Traveling Salesman Problem* (**TSP**)) bekannt geworden. Eine Person, die Waren an verschiedenen Orten ausliefern soll, möchte selbstverständlich eine möglichst kurze oder schnelle Route wählen, wofür die Reihenfolge, in der sie die Orte besucht, letztendlich ausschlaggebend ist. Erstaunlich ist nun, dass, obwohl das Problem der Handlungsreisenden dem Problem des chinesischen Postboten sehr ähnlich zu sein scheint, hierzu bislang keine gute Lösungsstrategie bekannt ist. Was genau an dieser Stelle mit „gut" gemeint ist, werden wir im Laufe dieses Büchleins noch erläutern. Das Bild auf der nächsten Seite zeigt beispielsweise eine kürzeste Route durch Europas Hauptstädte.

K. Mönius et al., *Algorithmen in der Graphentheorie*, essentials, https://doi.org/10.1007/978-3-658-34176-3_3

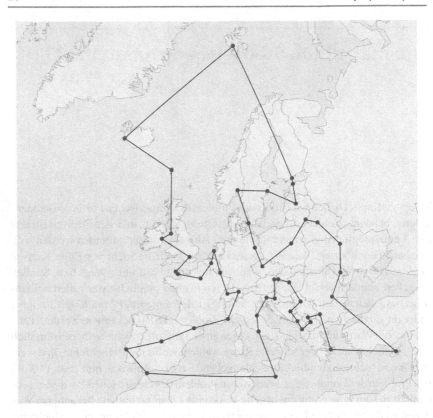

Wir übersetzen das Problem der Handlungsreisenden zunächst wieder in unsere Sprache der Graphentheorie. Jeder Ort, der besucht werden soll, wird durch eine Ecke repräsentiert und wir verbinden je zwei Ecken u und v miteinander, wenn es eine Verbindungsstrecke von u nach v gibt. Um nun auch Informationen über z. B. die Entfernung zweier Orte mit reinzubringen, geben wir unseren Kanten zusätzlich noch Gewichte. Beispielsweise können wir als Gewicht einer Kante zwischen zwei Orten u und v die Länge der kürzesten Strecke oder die Dauer der schnellsten Route zwischen u und v wählen. Wie man diese Größen bestimmen kann, schauen wir uns übrigens im nächsten Kapitel an.

Ähnlich wie beim Problem des chinesischen Postboten, steht das Problem der Handlungsreisenden eng in Verbindung mit dem Finden von *Kreisen* in Graphen. Bei letzterem sind allerdings keine Kreise von Kanten, also Euler-Kreise gesucht, sondern Kreise, die jede *Ecke* des entsprechenden Graphen genau einmal besuchen.

Ein Kreis dieser Art heißt **Hamilton-Kreis** (benannt nach *William Rowan Hamilton*), und ein Graph, der einen Hamilton-Kreis enthält, wird auch als **hamiltonsch** bezeichnet.

Wie lässt sich ein Hamilton-Kreis in einem gegebenen Graphen finden? Leider ist das im Allgemeinen gar nicht so einfach. Im Gegensatz zur Charakterisierung eulerscher Graphen von Euler & Hierholzer, ist es oft schon schwierig, überhaupt zu entscheiden, ob ein gegebener Graph einen Hamilton-Kreis besitzt oder nicht, geschweige denn im Falle der Existenz einen solchen zu finden. Sicherlich ist es von Vorteil für das Auffinden eines Hamilton-Kreises in einem Graphen G, wenn viele Kanten existieren oder, anders gesehen, wenn die Grade der Ecken nicht zu klein sind. Wir nennen den kleinsten Grad aller Ecken von G, also das Minimum aller Eckengrade, **Minimalgrad** von G und notieren diesen mit $\delta(G)$. Diese Definition erlaubt zumindest folgendes Resultat aus dem Jahr 1952, welches auf *Gabriel Dirac* zurück geht:

Ein Kriterium von Dirac

Es sei $G = (V, E)$ ein Graph mit n Ecken und sein Minimalgrad genüge

$$\delta(G) \geq \frac{n}{2},$$

dann besitzt G einen Hamilton-Kreis.

Der Beweis dieses Kriteriums kann in Mönius et al. (2021) nachgelesen werden.

Aber nun zurück zu unserem Ausgangsproblem der Handlungsreisenden. Das Krümelmonster hat Kekse nach eigener Geheimrezeptur hergestellt und möchte sie mit seinem LKW nach ganz Deutschland liefern. Dabei will es die Städte Hamburg, Bremen, Hannover, Dortmund, Leipzig, Frankfurt, Würzburg, Stuttgart und München abfahren, wobei es seine Tour in Hannover startet und dort am Ende auch wieder ankommen möchte. *Doch in welcher Reihenfolge soll das Krümelmonster die Städte abfahren?*

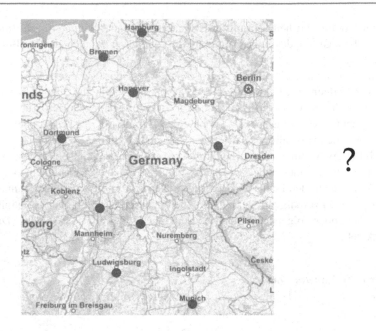

Das Krümelmonster legt mit der Planung los und zeichnet dafür einen Graphen G, dessen Ecken die Städte, die es besuchen will, und dessen Kanten die kürzesten Verbindungsstrecken zwischen den Städten repräsentieren. Jede Kante von G versieht es außerdem mit einem Gewicht, nämlich der kürzesten Route (in Kilometern) der jeweils angrenzenden Städte. Zur besseren Übersicht lassen wir die vielen Kanten im folgenden Bild, welches den Graphen darstellen soll, weg und bemerken, dass die Kantengewichte, also die Längen der jeweiligen Strecken zwischen zwei Orten, etwa den Längen der Strecken zwischen den dazugehörigen Punkten im Bild entsprechen, wobei Höhe und Breite eines Kästchens für ca. 100 km stehen.

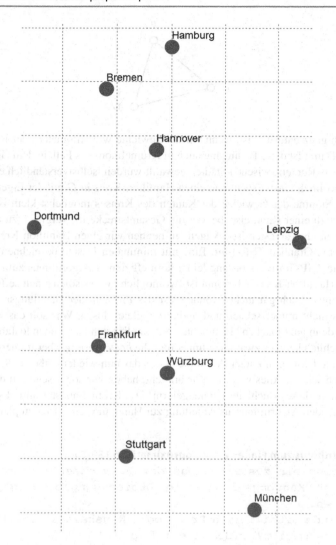

Zu beachten bei der Wahl der Kantengewichte ist, dass diese stets die sogenannte **Dreiecksungleichung** erfüllen müssen. Das bedeutet, für die Kantengewichte zwischen Ecken u, v, w in G soll gelten:

$$c(\{u, w\}) \leq c(\{u, v\}) + c(\{v, w\}),$$

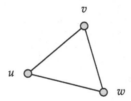

was auch ganz natürlich ist, wenn wir an Gewichte wie Kilometer oder Reisezeit denken. Damit ist diese Bedingung auch in Krümelmonsters Fall, in dem Gewichte als kürzeste Routen zwischen Städten gewählt wurden, selbstverständlich erfüllt.

Das Krümelmonster sucht nun einen Hamilton-Kreis in G mit der Eigenschaft, dass die Summe der Gewichte der Kanten des Kreises möglichst klein ist (denn dies führt zu einer Rundreise, bei der die Gesamtstrecke im Vergleich zu anderen Rundreisen am kürzesten ist). Allgemein nennen wir einen Hamilton-Kreis eines gewichteten Graphen **TSP-Tour.** Eine mit minimalen Kosten bezeichnen wir als **minimale TSP-Tour.** Da bislang leider kein effizienter Algorithmus zum Auffinden von Hamilton-Kreisen bekannt ist (womöglich gibt es solch einen „effizienten Algorithmus" auch gar nicht), können wir das Problem der Handlungsreisenden ebenfalls nicht immer schnell und optimal zugleich lösen. Was soll das Krümelmonster denn jetzt machen? Es möchte doch am liebsten heute noch losfahren!

Tatsächlich kann es zwar nicht unbedingt die *beste Lösung,* aber immerhin eine *relativ gute* Lösung in kurzer Zeit finden (was das nun wieder heißen soll, werden wir gleich sehen). Alles was es dafür braucht, haben wir sogar schon in den letzten Kapiteln dieses Büchleins kennengelernt! Das Krümelmonster nimmt sich den nachstehenden Algorithmus als Anleitung zur Hand, um seine Tour zu planen:

Algorithmus zum Finden einer approximativen TSP-Tour
Gegeben ein zusammenhängender, gewichteter Graph G, dessen Kantengewichte die Dreiecksungleichung erfüllen.
1. Finde mithilfe von Prims oder Kruskals Algorithmus einen minimalen Spannbaum T von G.
2. Füge zu jeder Kante $e = \{u, v\}$ eine zweite Kante zwischen den Ecken u und v mit demselben Gewicht $c(e)$ in T ein.

3. Lege eine Ecke v fest und finde mithilfe des Hierholzer-Algorithmus einen Euler-Kreis K, der bei v beginnt und endet.
4. Laufe den Euler-Kreis K ab und lösche immer dann eine Ecke aus K, wenn sie nicht zum ersten Mal besucht wird.
5. Gebe K als TSP-Tour zurück.

Das Krümelmonster macht sich sofort an die Arbeit. Mithilfe von Kruskals Algorithmus (dessen Durchführung wir an dieser Stelle als Übungsaufgabe empfehlen) findet es schnell den folgenden minimalen Spannbaum in seinem Graphen, wobei es die Bezeichnungen der Städte Hamburg, Bremen, Hannover, Dortmund, Leipzig, Frankfurt, Würzburg, Stuttgart und München abkürzt, indem es sie in ebendieser Reihenfolge durchnummeriert:

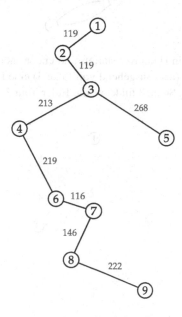

Im zweiten Schritt verdoppelt das Krümelmonster jede Kante dieses Graphen, womit es schließlich folgenden Graphen vor sich liegen hat:

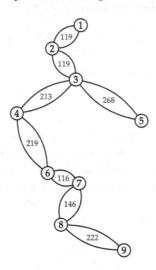

Da das Krümelmonster in Hannover starten und enden möchte, sucht es nun ausgehend von dieser Stadt (also ausgehend von Ecke 3) eine Euler-Tour mithilfe des Hierholzer-Algorithmus. Schnell findet es die Euler-Tour 3, 2, 1, 2, 3, 4, 6, 7, 8, 9, 8, 7, 6, 4, 3, 5, 3:

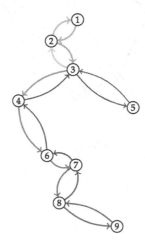

Gemäß Schritt vier des Algorithmus streicht nun das Krümelmonster immer dann eine Ecke aus seinem Euler-Kreis, wenn diese nicht zum ersten Mal besucht wird: 3, 2, 1, 2̸, 3̸, 4, 6, 7, 8, 9, 8̸, 7̸, 6̸, 4̸, 3̸, 5, 3. Dies liefert ihm schließlich die TSP-Tour 3, 2, 1, 4, 6, 7, 8, 9, 5, 3, die wie folgt aussieht:

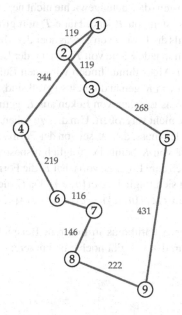

Diese TSP-Tour hat eine Gesamtstrecke von etwa 1984 km.

Nun stellt sich natürlich die Frage, ob es noch eine kürzere Tour gibt, die das Krümelmonster nehmen könnte. Falls *ja*, wie viel kürzer wäre diese Tour dann maximal? Eine Antwort auf die letzte Frage gibt der folgende Satz:

Kosten approximativer vs. minimaler TSP-Tour

Sei G ein zusammenhängender, gewichteter Graph, dessen Kantengewichte die Dreiecksungleichung erfüllen, dann sind die Kosten der approximativen TSP-Tour nicht mehr als das Doppelte der Kosten einer minimalen TSP-Tour.

Beweis Sei T ein minimaler Spannbaum von G. Dann sind die Kosten (also die Summe der Gewichte) von T kleiner oder gleich der Kosten einer minimalen TSP-Tour; denn entfernen wir eine Kante aus einer minimalen TSP-Tour P, so erhalten wir einen kreisfreien Graphen, der jede Ecke von G beinhaltet, also einen Spannbaum S von G, dessen Kosten (da Kantengewichte nicht negativ sind) offensichtlich kleiner oder gleich der Kosten von P sind. Hätte T nun größere Kosten als P, so wären diese auch größer als die Kosten von S, was aber der Minimalität von T widerspräche. Verdoppeln wir nun jede Kante von T, so ist jeder Eckengrad von T gerade und nach dem Hierholzer-Algorithmus finden wir einen Euler-Kreis K in T. Klar ist, dass damit die Kosten von K genau doppelt so groß sind, wie die Kosten von T. Es bleibt zu zeigen, dass das Löschen von Ecken aus K gemäß Schritt 4 des Algorithmus die Kosten von K nicht vergrößert. Um dies zu sehen, sei v eine Ecke, die an einer Stelle gelöscht werden muss, d. h. K sei von der Form $\ldots, v, \ldots, u, v, w, \ldots$. Die Summe der Gewichte von K beinhaltet folglich insbesondere den Summanden $c(\{u, v\}) + c(\{v, w\})$. Nach dem Löschen von v hat K die Form $\ldots, v, \ldots, u, w, \ldots$ und der Summand ändert sich folglich zu $c(\{u, w\})$. Da G die Dreiecksungleichung erfüllt, gilt aber wie gewünscht $c(\{u, w\}) \leq c(\{u, v\}) + c(\{v, w\})$, womit der Beweis abgeschlossen ist.

Tatsächlich liefert der Algorithmus in unserem Beispiel dem Krümelmonster *keine* minimale TSP-Tour, denn es gibt noch eine kürzere:

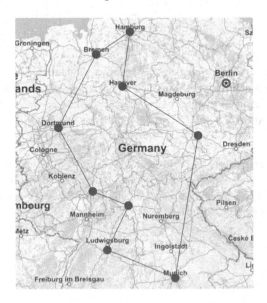

Diese TSP-Tour ist mit einer Gesamtstrecke von etwa 1903 km *minimal* und damit etwa 4, 3 % kürzer als die vorherige. Dennoch ist es erstaunlich, wie viel schneller wir im Allgemeinen ein approximatives Ergebnis mit dem hier vorgestellten Algorithmus bekommen und wie gut dieses Ergebnis dafür doch ist. Selbstverständlich lässt sich auch eine minimale TSP-Tour für unser Beispiel noch recht schnell finden, aber es versteht sich von selbst, dass größere Beispiele sicher den Rahmen dieses Büchleins sprengen würden.

Aber warum dauert es im Allgemeinen eigentlich so lange, eine minimale TSP-Tour zu finden? Haben wir n Städte gegeben, so haben wir zu Beginn $n - 1$ Möglichkeiten, welche Stadt wir als zweites besuchen, bei dieser haben wir dann immer noch $n - 2$ Möglichkeiten, wo wir als Nächstes hinfahren usw. Geachtet, dass es immer zwei Möglichkeiten gibt, eine Tour abzufahren, kommen wir so auf insgesamt $(n - 1)!/2$ verschiedene TSP-Touren. Das sind bei 15 Städten über 43 Mrd. Möglichkeiten und bei 18 Städten sogar schon über 177 Billionen. Und das wirkt sich enorm auf die Rechenzeit aus! Hat man beispielsweise einen Rechner, der die Lösung für 30 Städte in einer Stunde berechnet, dann braucht dieser für zwei zusätzliche Städte (also für 32 Städte) annähernd die tausendfache Zeit; das sind mehr als 40 Tage. Also kann es sich durchaus lohnen, einen maximal doppelt so großen Umweg in Kauf zu nehmen, wenn man dafür blitzschnell eine Tour vorgeschlagen bekommt!

Zuletzt sei noch erwähnt, dass unser Algorithmus zum Finden einer approximativen TSP-Tour im Allgemeinen *keine eindeutige Lösung* liefert. Schon der minimale Spannbaum, den wir mit Prims oder Kruskals Algorithmus finden, ist nicht eindeutig gegeben (man stelle sich z. B. einen Graphen vor, bei dem alle Kanten das gleiche Gewicht haben). Ein weiterer Grund ist, dass aus dem Hierholzer-Algorithmus meist keine eindeutige Euler-Tour hervorgeht, und verschiedene Euler-Touren schließlich zu verschiedenen TSP-Touren führen. In unserem Beispiel gibt es mit Hannover als Start- und Zielort tatsächlich *sechs* verschiedene mögliche Euler- und damit auch TSP-Touren:

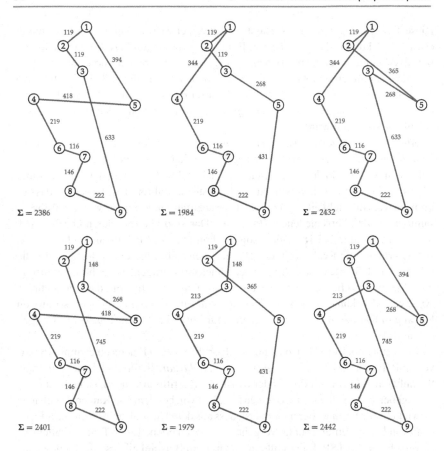

Doch tatsächlich sind alle TSP-Touren nur maximal etwa 28 % länger als die kürzeste Route, was sogar weitaus besser ist, als unsere obige Abschätzung verspricht.

An dieser Stelle aber durchaus noch erwähnenswert ist die Tatsache, dass auch unterschiedliche Startorte zu unterschiedlichen approximativen TSP-Touren führen, obwohl eine minimale TSP-Tour selbstverständlich nicht vom Startort abhängt. Man betrachte hierfür zum Beispiel die Euler-Tour 6, 7, 8, 9, 8, 7, 6, 4, 3, 5, 3, 2, 1, 2, 3, 4, 6, die aus der Änderung des Start- und Zielortes zu Frankfurt hervorgeht, mit der daraus resultierenden approximativen TSP-Tour 6, 7, 8, 9, 4, 3, 5, 2, 1.

Um mit dem Algorithmus besser vertraut zu werden, empfiehlt es sich wieder, konkrete Beispiele auszuprobieren. *Planen Sie doch einfach Ihren nächsten Städtetrip!* Überlegen Sie sich erst, welche Orte Sie besuchen möchten, erstellen Sie dann einen passenden Graphen dazu (um die Gewichte zu bestimmen, empfehlen wir die Verwendung des Algorithmus aus dem nächsten Kapitel) und schauen Sie anschließend, welche Route(n) der obige Algorithmus liefert. Vielleicht sind Sie aber auch Motorradfahrerin und möchten über bestimmte Straßen fegen? Eine gute Gelegenheit nochmals den Hierholzer-Algorithmus zu vertiefen!

Wie man am schnellsten von A nach B kommt

4

Das Krümelmonster hat gehört, dass Würzburg eine sehr schöne Stadt sei. Deshalb möchte es dort beim Ausfahren seiner Kekse eine kurze Pause einlegen, um sich die Residenz und die Festung Marienberg anzusehen. Da es keine Zeit verlieren will, schlägt das Krümelmonster schon mal einen Stadtplan von Würzburg auf und überlegt sich, was denn eigentlich der kürzeste Weg von der Residenz zur Festung sei. Etwa über die Neubaustraße, über die Domstraße, oder doch über den Ringpark? Liegt der Dom vielleicht auch noch auf dem Weg? Das Krümelmonster zeichnet verschiedene Wege in seine Karte ein und misst die entsprechenden Teilstrecken aus.

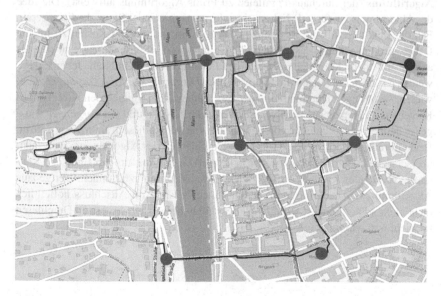

© Der/die Autor(en), exklusiv lizenziert durch Springer Fachmedien Wiesbaden GmbH, ein Teil von Springer Nature 2021
K. Mönius et al., *Algorithmen in der Graphentheorie*, essentials,
https://doi.org/10.1007/978-3-658-34176-3_4

Wie auch schon beim Königsberger Brückenproblem, ist nun eigentlich gar keine Karte mehr notwendig; denn der folgende gewichtete Graph (wobei diesmal das Gewicht einer Kante zwischen zwei Ecken für deren Distanz in Metern steht) enthält alle wichtigen Informationen:

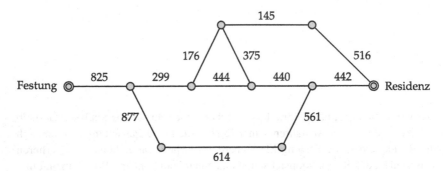

Bereits 1959 hat sich *Edsger Wybe Dijkstra* (der, wie wir im zweiten Kapitel dieses Büchleins erfahren haben, auch bei Prims Algorithmus zum Finden eines minimalen Spannbaums beteiligt war) mit dieser Fragestellung beschäftigt. Als Lösung seines Problems entwickelte er den heute nach ihm benannten **Dijkstra-Algorithmus** (der durchaus Parallelen zu Prims Algorithmus aufweist). Die Idee des Algorithmus ist, für jede Ecke v einen Kantenzug von der Startecke (in unserem Fall die Ecke, die für die Residenz steht) zu v mit minimalen Kosten zu finden. Dabei wird ausgenutzt, dass Ecken, die weiter von der Startecke entfernt sind als andere, nur mehr Kantenzüge ebendieser Ecken fortführen müssen. Jeder Ecke v werden dafür im Folgenden die Eigenschaften *Distanz* dist(v) und *Vorgänger* zugewiesen, wobei nach Durchlaufen des Algorithmus dist(v) gleich den Kosten eines Kantenzugs minimaler Kosten von der Startecke zu v ist, und der *Vorgänger* von v genau der benachbarten Ecke von v entspricht, die in ebendiesem Kantenzug auftritt. Beide Eigenschaften werden dafür beim Durchlaufen des Algorithmus (mehrfach) überschrieben. Den *Vorgänger* einer Ecke merken wir uns, um am Ende den Kantenzug minimaler Kosten nachvollziehen bzw. „ablaufen" zu können. Der genaue Algorithmus, der nach unserem ausführlichen Beispiel im Anschluss hoffentlich nicht mehr so kompliziert wirkt, wie er es möglicherweise beim ersten Durchlesen tut, sieht nun wie folgt aus:

Dijkstra-Algorithmus

Gegeben ein zusammenhängender, gewichteter Graph $G = (V, E)$, sowie eine Startecke $s \in V$ und eine Zielecke $z \in V$.

1. Weise allen Ecken $v \in V$ die Eigenschaften *Distanz* $\text{dist}(v)$ und *Vorgänger* zu. Setze $\text{dist}(s) = 0$ und $\text{dist}(v) = \infty$ für alle Ecken $v \neq s$. Füge s in eine Warteschlange w ein.

2. Solange noch Ecken in der Warteschlange w sind, nehme unter ihnen die erste Ecke v heraus und

   (a) Markiere v als *besucht*.

   (b) Berechne für alle noch nicht als besucht markierten Nachbarn u von v und Kanten $e = \{u, v\}$ die Gesamtdistanz $\text{dist}_e(u)$ als die Summe des Gewichtes von e und der bereits berechneten Distanz von s zu v, also $\text{dist}_e(u) := \text{dist}(v) + c(e)$, und füge u der Warteschlange w hinzu.

   (c) Ist der Wert $\text{dist}_e(u)$ kleiner als die aktuelle Distanz $\text{dist}(u)$, also $\text{dist}_e(u) < \text{dist}(u)$, überschreibe $\text{dist}(u)$ mit $\text{dist}_e(u)$ und setze v als *Vorgänger* von u.

3. Füge in eine Liste *Weg* die Zielecke z ein und setze v als den *Vorgänger* von z. Solange v nicht der Startecke s entspricht, füge v vorne in die Liste *Weg* ein und überschreibe v mit dem *Vorgänger* von v. Füge zuletzt noch s vorne in die Liste *Weg* ein.

4. Gebe die Distanz $\text{dist}(z)$ und die Route *Weg* von s nach z zurück.

Wir schauen uns den Algorithmus einmal konkret an Krümelmonsters Beispielgraphen an. Dort ist die Residenz unsere Startecke s und die Festung unsere Zielecke z. Die restlichen acht Ecken nummerieren wir der Einfachheit halber durch. Zudem schreiben wir im Folgenden stets die aktuelle Distanz $\text{dist}(v)$ zur Startecke s in blau über oder unter die entsprechende Ecke v. Außerdem markieren wir *besuchte* Ecken in der Farbe grün, und Ecken in der Warteschlange in der Farbe rot. Um zu kennzeichnen, dass eine Ecke v *Vorgänger* einer Ecke u ist, zeichnen wir statt der Kante $\{u, v\}$ einen Pfeil von v in Richtung u. Nachdem wir den ersten Schritt des Algorithmus durchgeführt haben, sieht der Graph damit wie folgt aus:

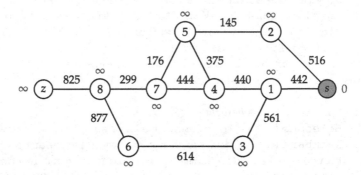

Im ersten Durchlauf des zweiten Schritts markieren wir s als *besucht,* aktualisieren die Distanzen der Nachbarecken von s, setzen s als deren *Vorgänger,* und fügen sie in die Warteschlange ein:

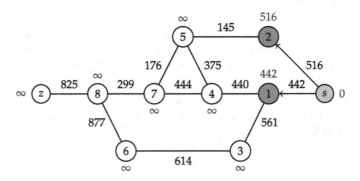

Als nächstes in der Warteschlange stehen also nun die Ecken 1 und 2. Wir berechnen für deren Nachbarn

$$\text{dist}_{\{1,3\}}(3) = \text{dist}(1) + 561 = 442 + 561 = 1003,$$
$$\text{dist}_{\{1,4\}}(4) = \text{dist}(1) + 440 = 442 + 440 = 882,$$
$$\text{dist}_{\{2,5\}}(5) = \text{dist}(2) + 145 = 516 + 145 = 661,$$

aktualisieren die Distanzen (da diese sicherlich kleiner als ∞ sind) und *Vorgänger*, markieren die Ecken 1 und 2 als *besucht* und fügen die Ecken 3, 4 und 5 in die Warteschlange ein:

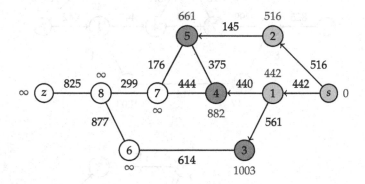

Nachdem wir nun im nächsten Durchlauf des zweiten Schritts die Ecke 3 besucht haben, wird der Besuch von Ecke 4 spannender: Für die Distanz zur Ecke 5 über die Kante $\{4, 5\}$ berechnet sich

$$\text{dist}_{\{4,5\}}(5) = \text{dist}(4) + 375 = 882 + 375 = 1257.$$

Da jedoch

$$\text{dist}(5) = \text{dist}_{\{2,5\}}(5) = 661 < 1257 = \text{dist}_{\{4,5\}}(5)$$

ist, überschreiben wir dist(5) diesmal nicht und setzen folglich die Ecke 4 auch nicht als *Vorgänger* der Ecke 5. Für dist(7) ergibt sich zunächst dist(7) = $\text{dist}_{\{4,7\}}(7)$ = 1326 (vgl. nachstehendes oberes Bild). Doch wenn wir nun die Ecke 5 besuchen und $\text{dist}_{\{5,7\}}(7)$ berechnen, stellen wir fest, dass

$$\text{dist}_{\{5,7\}}(7) = 837 < 1326 = \text{dist}(7)$$

ist, d. h. wir überschreiben dist(7) mit $\text{dist}_{\{5,7\}}(7)$ und setzen die Ecke 5 als neuen *Vorgänger* der Ecke 7. Dagegen wird wegen

$$\text{dist}_{\{5,4\}}(4) = 1036 > 882 = \text{dist}(4)$$

die Distanz dist(4) nicht überschrieben (vgl. nachstehendes unteres Bild).

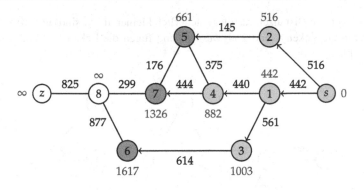

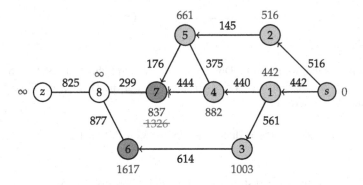

Führen wir den Algorithmus weiter durch, bis alle Ecken *besucht* sind, so gelangen wir schließlich zu folgendem Bild:

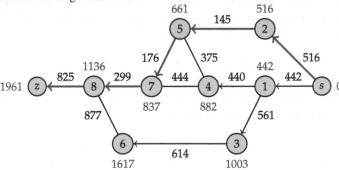

Die kürzeste Distanz von der Residenz zur Festung lässt sich folglich als 1961 m ablesen, wobei der grün markierte Pfad im obigen Bild anzeigt, um welchen Weg es sich bei dieser Distanz handelt. Tatsächlich ist dies der Weg, der sogar am Dom vorbei führt, was das Krümelmonster sehr erfreut.

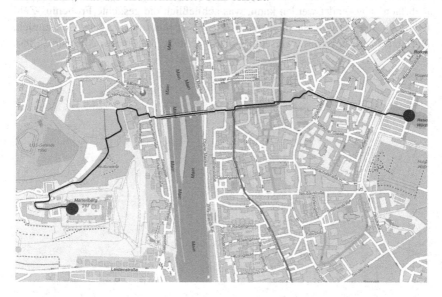

Im Gegensatz zum Problem der Handlungsreisenden, das wir im vorherigen Kapitel diskutiert haben, lässt sich das Problem des Findens einer kürzesten oder schnellsten Route zwischen zwei Orten mit dem Dijkstra-Algorithmus stets sowohl schnell, also effizient, als auch optimal lösen. Warum der Dijkstra-Algorithmus tatsächlich immer die gewünschte *optimale* Lösung liefert, lässt sich beispielsweise in Krumke und Noltemeier (2005) nachlesen.

Zuletzt sei noch erwähnt, dass der Dijkstra-Algorithmus ein richtiges „Multifunktionstalent" ist, denn neben dem Finden kürzester Wege zwischen zwei Orten, kann er noch für ganz andere Zwecke eingesetzt werden. Beispielsweise kommt der Algorithmus auch im Internet als Routing-Algorithmus zum Einsatz oder hilft beim Lösen des sogenannten **Münzproblems,** ein Problem aus der Zahlentheorie, das scheinbar nicht einmal etwas mit Graphen zu tun hat. Es verallgemeinert die Fragestellung von *Ferdinand Georg Frobenius,* welche Preise sich mit einem vorgegebenen Satz an Münzen bezahlen lassen. Zum Beispiel lässt sich ein Betrag von 3 Cent ohne Wechselgeld nicht bezahlen, wenn es nur 2 Cent- und 5 Cent-Münzen gibt, jeder Betrag größer als 3 Cent dagegen schon. Tatsächlich lässt sich zeigen, dass es stets einen kleinsten Betrag (dieser wird **Frobenius-Zahl** genannt) gibt, wenn die Beträge teilerfremd sind, so dass sich dieser und alle größeren Beträge mit dem vorgegebenen Münzsatz bezahlen lassen. Nun lässt sich zu einem gegebenen Münzsatz stets ein passender gewichteter Graph definieren, auf den der Dijkstra-Algorithmus mehrfach angewendet werden kann, was schließlich die gesuchte Frobenius-Zahl liefert. Diese Lösungsstrategie geht auf *Albert Nijenhuis* und das Jahr 1979 zurück. Die interessierte Leserin verweisen wir an dieser Stelle auf Ramírez Alfonsín (2005).

Wie man Graphen mit wenig Farben koloriert

5

Die Idee des Einfärbens der Flächen der *Carroll*schen Figur im ersten Kapitel lässt sich auch aus einem anderen Blickwinkel weiterspinnen: Fixiert man in jeder Fläche einen inneren Punkt (oder etwa ein bestimmtes Haus in jedem Stadtteil Königsbergs) und nennt diesen eine Ecke, so kann man dem Gebilde einen Graphen zuordnen; dieser besteht aus genau den so gewonnen Ecken, wobei zwei solche genau dann durch eine Kante verbunden seien, wenn die zugehörigen Flächen (oder Stadtteile) mehr als einen gemeinsamen Randpunkt besitzen (bzw. eine verbindende Brücke haben). Das entsprechende Färbungsproblem besteht nun darin, benachbarte Ecken unterschiedlich zu färben und dabei möglichst wenige Farben zu verwenden. Der berühmte **Vierfarbensatz** besagt, dass *jeder Graph, der überschneidungsfrei in der Ebene gezeichnet werden kann, mit höchstens vier Farben koloriert werden kann.* Für die äußerst interessante Geschichte zu diesem Problem – startend mit der Frage zum Färben politischer Landkarten im 19. Jahrhundert (anstelle der verschiedenen Stadtteile Königsbergs) bis hin zum mit massivem Computereinsatz geführten Beweis in den 1970ern – verweisen wir auf Mönius et al. (2021).

Graphen, die nicht überschneidungsfrei dargestellt werden können, benötigen unter Umständen mehr Farben, wie etwa der K_5. Offensichtlich lässt sich allgemein der K_n mit n Farben kolorieren, aber nicht mit weniger. Für die Kreise C_n hingegen benötigt man, wie man sich leicht anhand von Beispielen klar macht, zwei oder drei Farben, je nachdem ob n gerade oder ungerade ist; und Bäume lassen sich stets mit zwei Farben kolorieren (s. u.). Wir wollen nun die Graphen charakterisieren, die sich mit zwei Farben färben lassen.

© Der/die Autor(en), exklusiv lizenziert durch Springer Fachmedien Wiesbaden GmbH, ein Teil von Springer Nature 2021
K. Mönius et al., *Algorithmen in der Graphentheorie*, essentials,
https://doi.org/10.1007/978-3-658-34176-3_5

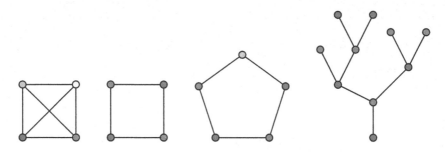

Wir führen zunächst etwas Vokabular ein. Gilt für einen Graphen $G = (V, E)$, dass beliebige Paare benachbarter Ecken $u, v \in V$ in unterschiedlichen Farben eingefärbt sind, so sprechen wir von einer **zulässigen Eckenfärbung** (oder im Folgenden machmal auch vereinfachend von einer *Färbung*). Für eine natürliche Zahl m wird G dann m-**färbbar** genannt, wenn es eine zulässige Färbung mit m Farben gibt. Das minimale m mit dieser Eigenschaft ist die **chromatische Zahl** $\chi(G)$ von G. Damit sind die 1-färbbaren Graphen genau die mit leerer Kantenmenge. *Wie lassen sich die 2-färbbaren Graphen beschreiben?*

Ein Graph $G = (V, E)$ heißt **bipartit,** wenn seine Ecken sich in zwei element-fremde (disjunkte) Teilmengen aufteilen lassen, also $V = V_1 \cup V_2$ und leerem Durchschnitt $V_1 \cap V_2 = \{\}$, so dass jede Kante eine Ecke $v_1 \in V_1$ mit einer Ecke $v_2 \in V_2$ verbindet. Der **vollständige bipartite Graph** $K_{m,n} = (V, E)$ ist gegeben durch $V = \{1, \ldots, m\} \cup \{m + 1, \ldots, m + n\}$ und Kanten $\{a, b\}$ mit $1 \le a \le m$ und $m + 1 \le b \le n + m$. Nachstehend der $K_{3,3}$ mit einer angedeuteten 2-Färbung (bzw. eine dies zerstörende, nicht zum $K_{3,3}$ gehörende graue Kante):

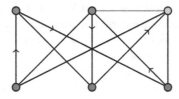

Aufgrund dieser Definition ist bereits klar, dass *genau die bipartiten Graphen 2-färbbar sind* (und in einiger Literatur wird diese Färbbarkeitseigenschaft auch als Definition verwendet). Aber wie sieht man einem Graphen an, ob er bipartit ist? Hier hilft der folgende Satz:

Charakterisierung von 2-Färbbarkeit
Ein Graph ist genau dann bipartit, wenn er keine Kreise ungerader Länge besitzt.

Man beachte, dass diese Charakterisierung auch die 1-färbbaren Graphen beinhaltet. 2-Färbbarkeit eines Graphen G bedeutet also lediglich $\chi(G) \leq 2$. Auch sind Wälder bipartit (wie aus dem zweiten Kapitel folgt).

Beweis: Da Teilgraphen eines bipartiten Graphen wieder bipartit sind, Kreise ungerader Länge aber nicht, können letztere nicht in einem bipartiten Graphen enthalten sein.

Für den Beweis der umgekehrten Aussage dürfen wir uns auf zusammenhängende Graphen $G = (V, E)$ beschränken. Sei u eine beliebige Ecke. Aufgrund des Zusammenhangs gibt es dann einen Kantenzug von u zu jeder Ecke v, und mit dem **Abstand** abst(u,v) bezeichnen wir die Länge des kürzesten solchen Kantenzuges. Mit dieser Größe können wir die Eckenmenge in eine Menge $\mathcal{A}$, bestehend aus allen Ecken v mit geradem Abstand abst(u,v), und einer verbleibenden Menge $\mathcal{B} = V \setminus \mathcal{A}$ aller übrigen Ecken (die entsprechend also ungeraden Abstand von u haben) partitionieren. *Wäre G nicht bipartit*, gäbe es also eine Kante $e = \{v,w\} \in E$ mit beiden Endpunkten in derselben Menge, d. h. entweder $\mathcal{A}$ oder $\mathcal{B}$, sagen wir v, $w \in \mathcal{A}$ (der verbleibende Fall kann analog behandelt werden). Dann aber könnte man jeden Kantenzug von u nach v durch Anfügen der Kante $e = \{v,w\}$ zu einem Kantenzug von u nach w erweitern, also

$$\text{abst}(u,v) \leq \text{abst}(u,w) + 1.$$

Da aber die auftretenden Abstände beide entweder gerade oder beide ungerade sind, folgt zunächst abst$(u,v) \leq$ abst(u,w) und schließlich sogar abst$(u,v) =$ abst(u,w) dank der Symmetrie des Argumentes (denn der Austausch von v und w in unserer Beweisführung liefert zudem abst$(u,w) \leq$ abst(u,v)). Die kürzesten Kantenzüge τ_v und τ_w von u nach v bzw. nach w haben also dieselbe Länge $d :=$ abst(u,w) $(=$ abst$(u,v))$, womit deren Kombination mit $e = \{v,w\}$, also deren Vereinigung $\tau_v \cup \{v,w\} \cup \tau_w$, einen Kreis ungerader Länge $2d + 1$ lieferte. Dies widerspricht der Voraussetzung und schließt den Beweis ab.

Der Beweis der zuletzt gezeigten Implikation liefert mit der Partition $V = \mathcal{A} \cup \mathcal{B}$ insbesondere eine 2-Färbung. Das Auffinden einer solchen ließe sich tatsächlich ohne großen Aufwand in einen Algorithmus umwandeln: Der Dijkstra-Algorithmus (aus dem vorangegangenen Kapitel) liefert uns nämlich die notwendigen Abstände von u zu allen weiteren Ecken. Hierfür setzen wir alle Kantengewichte auf 1 und erhalten somit ein Verfahren zur Färbung bipartiter Graphen. Tatsächlich kann man aber leicht ein noch viel schnelleres Verfahren designen, das sich auf allgemeine Graphen G anwenden lässt und zudem für nicht-bipartite G deren Nichtfärbbarkeit ausspuckt! Für dessen Formulierung notieren wir mit $N(v)$ die **Nachbarschaft** einer Ecke v bestehend aus allen zu v benachbarten Ecken.

Algorithmus zur 2-Färbbarkeit

Gegeben ein zusammenhängender Graph $G = (V, E)$.

1. Wähle eine beliebige Ecke v_0, färbe diese rot, und erstelle eine leere Liste $Rest = \{\}$.
2. Färbe der Reihe nach jede Ecke $u \in N(v_0)$ in grün und füge u ans Ende der Liste $Rest$ ein.
3. Solange die Liste $Rest$ nicht-leer ist, entferne die erste Ecke v der Liste und für jede Ecke $u \in N(v)$ überprüfe:

   (a) Sind u und v in derselben Farbe gefärbt, beende den Algorithmus mit dem Ergebnis "G ist nicht 2-färbbar";
   (b) ist andernfalls u nicht in der Liste $Rest$ enthalten, so färbe u mit der Farbe aus $\{$rot, grün$\}$, in der v nicht gefärbt ist, und füge u ans Ende der Liste $Rest$ ein.

4. Beende das Programm mit der Ausgabe "G ist 2-färbbar" und der zulässigen 2-Färbung.

Dieser Algorithmus ist sehr schnell. Man versuche seine Arbeitsweise an Krümelmonsters nicht 2-färbbaren Graphen zum Wandern in Würzburg (aus dem vorangegangenen Kapitel) nachzuvollziehen:

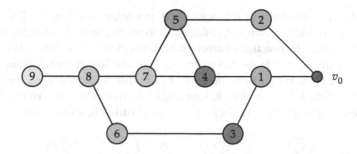

Da wir uns nun bestens mit 2-Färbbarkeit auskennen, wollen wir uns jetzt der 3-Färbbarkeit widmen. Überraschenderweise fällt eine Entscheidung, ob ein gegebener Graph 3-färbbar ist oder nicht, wesentlich schwieriger obwohl nur eine weitere Farbe zur Verfügung steht.

Da aber das Bild nun *bunter* wird, formalisieren wir unseren Begriff der Färbbarkeit zunächst. Sei ein Graph $G = (V, E)$ gegeben und $f : V \to C \subset \mathbb{N}$ eine Abbildung von der Eckenmenge von G in eine Menge von **Farben** C (wobei wir jede Farbe mit einer Zahl kennzeichnen). Dann nennen wir f eine **Eckenfärbung** von G; gilt zudem $f(u) \neq f(v)$ für beliebige Paare benachbarter Ecken $u, v \in V$, so heißt f **zulässig** (wie auch schon zuvor). Entsprechend ist G dann m-färbbar, wenn es eine zulässige Eckenfärbung $f : V \to C$ mit Farbenanzahl $\sharp C \leq m$ gibt.

Es werden bei allgemeinen Graphen und einer Farbpalette mit mehr als zwei Farben nicht nur die Bilder bunter, sondern tatsächlich ist bislang noch keine ultimative Lösung bekannt! Wir stellen deshalb nur ein einfaches Verfahren zur Färbung beliebiger Graphen vor:

Algorithmus zum sequentiellen Färben
Gegeben ein zusammenhängender Graph $G = (V, E)$.
1. Erstelle eine Liste $v_1, \ldots, v_n$ sämtlicher Ecken des Graphen.
2. Färbe v_1 mit der ersten Farbe: $f(v_1) := 1$.
3. Für $j = 2,3,\ldots,n$ färbe sukzessive v_j mit der kleinsten Farbe $d \in \mathbb{N}$, d. h. $f(v_j) := d$, so dass für alle von v_j abgehenden Kanten $\{v_j, v_i\}$ die Ungleichung $f(v_i) \neq d$ gilt.
4. Gebe $f : V \to \{1,2,\ldots,n\}$ als Färbung von G aus.

Auch dieser Algorithmus ist sehr schnell. Hier werden wiederum die Ecken der Liste der Reihe nach abgearbeitet, so dass keine benachbarten Ecken gleich koloriert sind. Die Anzahl der benötigten Farben ist maximal gleich $\Delta(G) + 1$, wobei $\Delta(G)$ das Maximum der Grade der Ecken von G ist (siehe hierzu auch Mönius et al. 2021). Beim Färben ist die Reihenfolge der Ecken in der Liste ausschlaggebend und unterschiedliche Listen derselben Eckenmenge führen oftmals zu unterschiedlichen Färbungen mit verschieden vielen Farben. Dies illustriert beispielsweise:

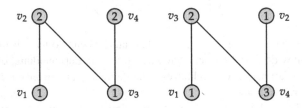

So einfach die Methode des sequentiellen Färbens auch ist, bei geeigneter Reihenfolge der Ecken in der Liste ergibt sich, wie man sich leicht überlegt, tatsächlich eine Färbung mit minimaler Anzahl von Farben![1] Allerdings gibt es mit wachsender Eckenanzahl n extrem viele Anordnungen der Ecken als Liste: jede der $n! = 1 \cdot 2 \cdot \ldots \cdot n$ vielen Permutationen ist ein potentieller Kandidat, und die Fakultät $n!$ wächst stärker als die Exponentialfunktion, wie die **Stirlingsche Formel** anzeigt:

$$\lim_{n \to \infty} \left(n! \, / \sqrt{2\pi e} \left(\frac{n}{e} \right)^n \right) = 1;$$

hierbei steht e ausnahmsweise nicht für eine Kante, sondern ist die **Eulersche Zahl** $e = \exp(1) = 2{,}718\ldots$. Dieselbe Explosion von Möglichkeiten ist uns schon beim *Problem der Handlungsreisenden* im dritten Kapitel begegnet. Insofern erscheint dieses Verfahren als wenig geeignet. Es gibt zwar bessere Algorithmen zum Färben eines Graphen, allerdings nichts, was dem Verfahren für die Zweifärbbarkeit gleich käme. Diese und verwandte Schwierigkeiten wollen wir nun weiter thematisieren. Bevor wir dazu jedoch in die sogenannte *Komplexitätstheorie* einführen, mag sich die Leserin an einer Färbung des Petersen-Graphen oder komplizierterer Graphen versuchen. . .

---

[1]Insofern ist es strategisch sinnvoll, den sequentiellen Färbealgorithmus mit einer Ecke v_1 zu starten, für die $d(v_1) = \Delta(G)$ gilt.

Wie man 1 000 000 $ gewinnen kann

6

Die Idee unliebsame Rechnungen Maschinen zu überlassen, ist tatsächlich deutlich älter als die industrielle Revolution. So stellte *Gottfried Wilhelm Leibniz* bereits 1673 eine mechanische Rechenmaschine vor, und *Charles Babbage* in Zusammenarbeit mit *Ada Lovelace* setzten dies Mitte des 19. Jahrhunderts mit den programmierbaren Prototypen *difference engine* und *analytical engine* fort.[1] Das theoretische Modell eines Computers entwarf *Alan Turing* 1936, bemerkenswerterweise vor den ersten ernstzunehmenden Rechnern von *Konrad Zuse* oder der legendären Eniac der U.S.-Amerikaner Anfang der 1940er. Eine Schlüsselrolle bei den gewünschten Berechnungen spielen natürlich die Algorithmen; mit diesen klaren Anweisungen werden die Rechenmaschinen gefüttert, um die mitunter komplexen Gedanken mit denen Menschen Probleme angehen in eine durch die (mittlerweile Mikro-) Elektronik verarbeitbare Form zu bringen. Letztlich sind dabei die mathematischen Operationen und Vorschriften auf das zu reduzieren, was sich mit durch elektronische Schaltungen fließenden bzw. nicht fließenden Strom abbilden lässt; die hiermit verbundenen Zustände lassen sich insofern in eine *binäre* Arithmetik mit den Ziffern 1 und 0 übersetzen. Von zentraler Bedeutung ist die Frage, *welche Funktionen überhaupt berechenbar sind?* In der Theorie wird die sogenannte *Turing-Maschine* auf einem Band mit einer Folge von solchen Nullen und Einsen gefüttert, in der Praxis arbeitet ein Computer ein Programm ab.

---

[1] Die Künstlerin *Sydney Padua* hat hierzu eine wunderbare Graphic Novel verfasst.

© Der/die Autor(en), exklusiv lizenziert durch Springer Fachmedien Wiesbaden GmbH, ein Teil von Springer Nature 2021
K. Mönius et al., *Algorithmen in der Graphentheorie,* essentials,
https://doi.org/10.1007/978-3-658-34176-3_6

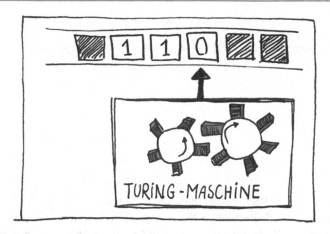

Beispielsweise die sogenannten partiell-rekursiven Funktionen lassen sich auf diese
Art berechnen (oder etwa alle auf dem Befehl „While" basierenden Programme in
der Programmiersprache C ++). Die von *Alonzo Church* aufgestellte *Churchsche
These* besagt, dass die Klasse der mit einer Turing-Maschine berechenbaren Funktionen mit der Klasse der *intuitiv berechenbaren* Funktionen identisch ist[2]. Selbst
das Rechnen auf der Basis von DNA-Strängen mit Hilfe eines „Biocomputers",
eine innovative Idee von *Leonard Adleman* aus den 1990ern, mit der er das Problem
des Auffindens eines Hamilton-Kreises anging (siehe Adleman 1994), konnte die
Grenzen des maschinell Berechenbaren nicht verschieben.

Ein wesentlicher Aspekt der Programme bzw. der Algorithmen ist deren Laufzeit; hierfür wird ein solches Verfahren in elementare Rechenschritte zerlegt (wie
etwa die Addition zweier Zahlen oder das Belegen von Speicherplatz). Die Laufzeit eines Programms (oder Algorithmus) wird gemessen an der maximalen Anzahl
elementarer Rechenschritte, die bei einem gegebenen Input für den Output benötigt wird. Beispielsweise bedarf die Multiplikation zweier n-stelliger natürlicher
Zahlen nach den bekannten Verfahren aus der Schule n^2 Multiplikationen und $2n$
Additionen.[3] Weil die Laufzeit durch ein Polynom in der Eingabegröße abgeschätzt
werden kann, spricht man von einer polynomiellen Laufzeit. Die Unterscheidung
zwischen Algorithmen mit Polynomial- bzw. Nichtpolynomialzeit geht zurück auf

---

[2]wobei aber angemerkt sei, dass diese These kein mathematisches Theorem ist, da ansonsten
so ein konkretes Berechnungsmodell festgelegt würde, was aber nicht mit dem nur lose umris-
senen Konzept der intuitiv berechenbaren Funktionen übereinstimmt, die für einen Menschen
in irgendeiner Form berechenbar sind.

[3]Der Multiplikations-Algorithmus von *Anatolii Karatsuba* von 1962 ist deutlich schneller für
wirklich große Zahlen n.

John von Neumann 1953; diese Unterscheidung können wir nach einer Übersetzung in Umgangssprache als *schnell* bzw. *langsam* lesen.

Nun beschränken wir uns auf sogenannte **Entscheidungsprobleme,** also Fragestellungen, die sich jeweils mit *ja* oder *nein* beantworten lassen, wie beispielsweise:

- Ist ein gegebener Graph zusammenhängend?
- **Euler-Kreis-Problem:** Besitzt ein gegebener Graph G einen Euler-Kreis?
- **Hamilton-Kreis-Problem:** Besitzt ein gegebener Graph G einen Hamilton-Kreis?
- **Problem der Handlungsreisenden:** Existiert in einem gewichteten Graph ein Kreis mit Kosten $\leq k$?
- k**-Färbbarkeitsproblem:** Ist ein gegebener Graph k-färbbar?

Man beachte, dass bei den Letztgenannten es sich insofern um Entscheidungsprobleme handelt, weil ein Parameter k involviert ist. Bei der Handlungsreise ist hier also nicht unbedingt eine optimale Lösung gesucht, sondern eine Kostengrenze ist zu unterbieten, und bei der Färberei steht von vornherein eine Palette mit k Farben zur Verfügung. In der **Komplexitätstheorie** untersucht man Klassen von Entscheidungsproblemen und versucht, diese hinsichtlich der für ihre Lösung notwendigen Laufzeit zu klassifizieren. Die wesentliche Schwierigkeit dabei ist, dass a priori oftmals nicht klar ist, ob ein gewisses Problem sich *nicht schneller* lösen lässt (man denke etwa an die Multiplikation ganzer Zahlen oder die Faktorisierung großer natürlicher Zahlen).

> Die Komplexitätsklasse $\mathcal{P}$ bezeichnet die Menge aller Entscheidungsprobleme, für die es jeweils einen Algorithmus gibt, der sicher in polynomieller Laufzeit mit *ja* oder *nein* terminiert.

Diese Klasse $\mathcal{P}$ steht also für die *praktisch lösbaren* Entscheidungsprobleme. Beispielsweise folgt dank des schnellen Algorithmus von Hierholzer (aus dem ersten Kapitel), dass das Euler-Kreis-Problem in $\mathcal{P}$ liegt. Für dieses Entscheidungsproblem kann ein Programm geschrieben werden, welches eine Laufzeit besitzt, die linear (also in erster Potenz) von der Anzahl der Ecken und Kanten des mit einem Euler-Kreis auszustattenden Graphen abhängt.

Eine ebenso polynomielle Laufzeit genügt auch für das bislang gar nicht diskutierte Problem zu entscheiden, ob ein gegebener Graph zusammenhängend ist oder nicht. Wenngleich dieses Problem sich vielleicht einfach anhören mag, so mache man sich klar, dass Graphen oftmals nicht in der übersichtlichen Form vorliegen, wie die, die wir in diesem Büchlein verwendet haben; im Eisenbahnverkehr werden Schienennetze gerne mittels Graphen mit mehreren tausend Ecken modelliert und der Graph zum *Zauberwürfel* (erdacht von *Ernő Rubik*) besitzt tatsächlich über 43 Trillionen Ecken[4]. Bei diesen Beispielen handelt es sich natürlich um zusammenhängende Graphen und eine vollständige Visualisierung derselben ist sicherlich nicht sinnvoll.

Ebenfalls in $\mathcal{P}$ enthalten ist das 2-Färbbarkeitsproblem (etwa mit unserem Algorithmus aus dem vorigen Kapitel); hingegen ist für das 3-Färbbarkeitsproblem bislang kein Polynomialzeitalgorithmus bekannt. Und selbstverständlich sieht es beim k-Färbbarkeitsproblem mit einem $k \geq 4$ genauso aus. Auch für das Hamilton-Kreis-Problem oder dem Problem der Handlungsreisenden wurden trotz intensiver Forschung bislang keine schnellen Algorithmen gefunden. Zwar liefert der Algorithmus des dritten Kapitels mit Hilfe eines Euler-Kreises eine für praktische Zwecke akzeptable Tour in Polynomialzeit, jedoch ist beim Problem der Handlungsreisenden nach einer Route gefragt, die eine gegebene Kostengrenze unterbietet. Insofern stellt sich die Frage, *ob solche Probleme in dieser Allgemeinheit überhaupt schnell lösbar sein können?*

In diesem Kontext ist es sinnvoll, eine weitere Komplexitätsklasse einzuführen:

Die Klasse $\mathcal{NP}$ bezeichnet die Menge aller Entscheidungsprobleme, die folgende Eigenschaften besitzen:
(a) Ist die Antwort zu einem gegebenen Input *ja,* so gibt es ein **Zertifikat,** mit dessen Hilfe die Korrektheit der Antwort überprüfbar ist.
(b) Es gibt einen **Prüfalgorithmus,** der mit dem Input und dem Zertifikat (aus (a)) in polynomieller Laufzeit überprüft, ob das Zertifikat ein Beweis für die Korrektheit der Antwort *ja* ist.

Wir benutzen hier einen Anglizismus für die Eingabegröße und etwas vereinfachte Sprache und trotzdem hört sich diese Definition recht kompliziert an, aber mit gutem Grund! Diese Klassen $\mathcal{P}$ und $\mathcal{NP}$ wurden von *Jack Edmonds* und *Alan Cobham* (1965) bzw. von *Stephen Cook, Richard Karp* und *Leonid Levin* (1972/3) eingeführt, und ihre Untersuchungen haben erstaunliche Einsichten geliefert.

---

[4]genauer gesagt der sogenannte Cayley-Graph zu der Symmetriegruppe des Zauberwürfels; siehe Gardemann (2020).

Aber beginnen wir mit den unmittelbaren Konsequenzen. Tatsächlich ist das Hamilton-Kreis-Problem in $\mathcal{NP}$ enthalten (was dann auch schon die vielleicht holprig anmutende Definition dieser Klasse rechtfertigt), denn im Falle einer positiven Antwort kann stets leicht anhand der Liste der nacheinander besuchten Ecken als Zertifikat nachgeprüft werden, ob es sich wirklich um einen Hamilton-Kreis handelt. Wir geben keinen derartigen Prüfungsalgorithmus explizit an, sondern widmen uns lieber einer spannenderen Asymmetrie: Für das Problem zu entscheiden, ob ein gegebener Graph *keinen* Hamilton-Kreis enthält, ist Zugehörigkeit zu $\mathcal{NP}$ bislang unbekannt. Im Allgemeinen scheinen Probleme der Nichtexistenz schwieriger zu sein. Ganz ähnlich verhält es sich beispielsweise mit dem 3-Färbbarkeitsproblem.

Sicherlich gilt $\mathcal{P} \subset \mathcal{NP}$, aber es ist unklar, ob $\mathcal{P}$ sogar mit $\mathcal{NP}$ übereinstimmt oder nicht. Dies ist eines der vom *Clay Mathematics Institute* ausgerufenen und mit 1 Mio. Dollar bepreisten sieben Millenniumsprobleme:[5]

Ein Millenniumsproblem: Gilt $\mathcal{P} = \mathcal{NP}$ oder $\mathcal{P} \neq \mathcal{NP}$?

Diese Fragestellung wurde ursprünglich von *Cook* und *Levin* Anfang der 1970er Jahre formuliert.[6] Die meisten damit beschäftigten Forschenden denken, dass hier wohl keine Gleichung vorliegt. Wer einmal versucht hat, in einem großen Graphen einen Hamilton-Kreis zu finden oder aber diesen mit nur drei Farben zu kolorieren, schließt sich leicht dieser Gruppe an. Andererseits ist es natürlich auch nicht ausgeschlossen, dass es für diese Probleme nicht doch einen effizienten Algorithmus gibt, und tatsächlich ließen sich die beiden genannten Entscheidungsprobleme gegen eine Reihe weiterer (nicht unbedingt in der Graphentheorie angesiedelten) ersetzen. Insofern handelt es sich bei dem $\mathcal{P}$**-versus-**$\mathcal{NP}$**-Problem** um eine äußerst interessante Frage mit großer Relevanz innerhalb der Mathematik und auch der Informatik.

---

[5] von denen die sogenannte *Poincarésche Vermutung* von *Grigori Perelman* 2002 gelöst wurde; die übrigen sechs sind noch ungelöst; siehe Cook (2006) und die weiteren Kapitel in dieser Quelle.

[6] Tatsächlich formulierte der berühmte Logiker *Kurt Gödel* diese Frage bereits 1956 in einem Brief an *von Neumann* kurz vor dessen Tod.

Von einiger Bedeutung ist eine weitere Komplexitätsklasse:

> Die Klasse $\mathcal{NP}$-**vollständig** ist die Menge der Entscheidungsprobleme $A \in$ $\mathcal{NP}$ mit der Eigenschaft, dass, falls es einen Algorithmus für A mit polynomieller Laufzeit gibt, dann $\mathcal{P} = \mathcal{NP}$ gilt.

Das Interessante an dieser Klasse ist, dass bereits ein *schneller* Algorithmus für ein einziges Entscheidungsproblem $A \in \mathcal{NP}$-vollständig bereits die allgemeine Frage der Übereinstimmung der Komplexitätsklassen $\mathcal{P}$ und $\mathcal{NP}$ positiv beantworten könnte. Sehr erstaunlich ist darüberhinaus, dass sich sogar derartige Entscheidungsprobleme explizit angeben lassen. So bewies etwa *Karp* 1972, dass das uns wohlbekannte Hamilton-Kreis-Problem zu $\mathcal{NP}$-vollständig gehört; selbiges gilt auch für das Problem der Handlungsreisenden sowie das 3-Färbbarkeitsproblem. Wahrscheinlich bedeutet dies aber, dass $\mathcal{NP}$-vollständige Entscheidungsprobleme letztlich sehr schwierig sind.

Die Konsequenzen von $\mathcal{P} = \mathcal{NP}$ wären in der Tat drastisch, insbesondere wenn der Beweis hierfür konstruktiv wäre. Damit wären dann mittels eines konstruktiven Transfers sogar alle Entscheidungsprobleme in $\mathcal{NP}$ in Polynomialzeit lösbar! Auch wären Optimierungsprobleme mit Relevanz im wirklichen Leben, wie etwa das Handlungsreisendenproblem, behandelbar und auch etliche kryptographische Verfahren der alltäglichen Praxis würden unsicher. Vielleicht tendiert man beim $\mathcal{P}$-versus-$\mathcal{NP}$-Problem deshalb eher zu einer Ungleichheit, aber lassen wir Spekulationen beiseite. Preise haben schon oft Forschung in bestimmte Bahnen gelenkt und zu neuen Kenntnissen geführt. Hoffen wir dies auch für die verbliebenen sechs Millenniumprobleme und insbesondere die Frage

$$\mathcal{P} \overset{?}{\neq} \mathcal{NP}.$$

Wir haben diese abschließenden Betrachtungen zur Komplexität der hier angesprochenen graphentheoretischen Algorithmen bewusst auf einem einfachen Niveau gehalten; schon allein die in der Komplexitätstheorie notwendige technische Beschreibung von Turing-Maschinen oder eine detaillierte Laufzeitanalyse des Dijkstra-Algorithmus beispielsweise bedürfte wesentlich mehr Seiten als es dieses Büchlein zuließe. Hierfür verweisen wir auf die Fachliteratur. Auch wurde das

Frobenius-Problem nicht tiefergehend behandelt (wofür wir auf Ramírez Alfonsín 2005 verweisen) und auch das grundlegende *Graphen-Isomorphie-Problem* wurde nicht angesprochen ungeachtet der jüngst erzielten großen Erfolge. Wir hoffen aber einen Vorgeschmack auf die spannende Welt der Graphen gegeben und immerhin eines der sieben Millenniumsprobleme motiviert zu haben.

Literatur

Adleman, L.: Molecular computation of solutions to combinatorial problems. Science **26**, 1021–1024 (1994)

Alsina, C.: Graphentheorie. Librero, Madrid (2017)

Biggs, N.L., Lloyd, E.K., Wilson, R.J.: Graph Theory. 1736–1936, 2. Aufl. The Clarendon Press, Oxford University Press, New York (1986)

Bóna, M.: A Walk Through Combinatorics, 4. Aufl. World Scientific Publishing, Singapore (2016)

Brandenberg, R., Gritzmann, P.: Das Geheimnis des kürzesten. Ein mathematisches Abenteuer. Springer, Berlin (2002)

Cook, S.: The P versus NP problem. In: Carlson, J., et al. (Hrsg.) The Millennium Prize Problems. American Mathematical Society, Providence (2006)

Gardemann, T.: Der Cayley-Graph des Pocket-Cube und seine Implementierung. Bachelorarbeit, Universität Würzburg (2016). https://docplayer.org/66987401-Der-cayley-graph-des-pocket-cube-und-seine-implementierung.html (besucht am 18. Dezember 2020)

Krumke, S.O., Noltemeier, H.: Graphentheoretische Konzepte und Algorithmen. Teubner, Wiesbaden (2005)

Mönius, K., Steuding, J., Stumpf, P.: Einführung in die Graphentheorie. Ein farbenfroher Einstieg in die Diskrete Mathematik. Springer essentials, Berlin

Oswald, N., Steuding, J.: Elementare Zahlentheorie. Springer, Berlin (2015)

Padua, S.: The Thrilling Adventures of Lovelace and Babbage. Penguin Books, London (2016)

Pólya, G., Read, R.C.: Combinatorial Enumeration of Groups, Graphs, and Chemical Compounds. Springer, Berlin (1987)

Ramírez Alfonsín, J.L.: The Diophantine Frobenius Problem. Oxford University Press, Oxford (2005)

Rao, N.S.V., Kareti, S., Shi, W., Iyengar, S.S.: Robot Navigation in Unknown Terrains: Introductory Survey of Non-Heuristic Algorithms. Oak Ridge National Laboratory, Oak Ridge (1993)

Wagner, K.W.: Theoretische Informatik, 2. Aufl. Springer, Berlin (2003)

© Der/die Autor(en), exklusiv lizenziert durch Springer Fachmedien Wiesbaden GmbH, ein Teil von Springer Nature 2021
K. Mönius et al., *Algorithmen in der Graphentheorie,* essentials,
https://doi.org/10.1007/978-3-658-34176-3

Die angeführte Literatur ist bestens geeignet, unsere Reise durch die graphentheoretischen Algorithmen zu vertiefen. Den Einstieg in die Graphentheorie mithilfe des *Carroll*schen Rätsels verdanken wir (Alsina 2017), welches noch viele weitere derartige Beispiele und Anregungen enthält

Das Buch (Pólya und Read 1987) führt in die Pólyasche Abzähltheorie und seine Entstehung ein. Über die bewegte Geschichte der Graphentheorie lernt man viel in (Biggs et al. 1986); eine graphentheoretische Geschichte liefert der lesenswerte Roman (Brandenberg und Gritzmann 2002), welcher insbesondere Algorithmen und deren Relevanz im täglichen Leben betont

Um noch mehr Spannendes aus der Welt der Bäume (und Wälder) zu erfahren, empfehlen wir das Buch (Bóna 2016), in dem die hier aufgeführten Anzahlformeln für die binären Suchbäume sowie bezeichneten Bäume ausführlich bewiesen werden, und sich zahlreiche Übungsaufgaben für kombinatorisches Abzählen und Graphentheorie befinden

Wenn der Geldbeutel nur für ein einziges Buch zu unserem Thema ausreicht, dann sei (Krumke und Noltemeier 2005) empfohlen

Für einen Einstieg in die Komplexitätstheorie verweisen wir auf (Wagner 2003); den Aspekt des angesprochenen Millenniumsproblems behandelt (Cook 2006)

Die Quellen (Adleman 1994; Gardemann 2020; Padua 2016; Ramírez Alfonsín 2005; Rao et al. 1993) spielten im Text nur die Rolle einer Randfigur, bieten bei Interesse aber sicherlich spannendes Lesefutter

Das Buch (Oswald und Steuding 2015) ist aufgeführt als erste Hilfe für den Fall, dass einige unserer Ausführungen jenseits der Graphentheorie etwas zu knapp geraten sein sollten. Wer auch Spaß an der *theoretischen* Seite der Graphentheorie entwickelt hat, den verweisen wir auf unseren weiteren Band (Mönius et al. 2021) in dieser Reihe

Was Sie aus diesem *essential* mitnehmen können

In diesem *essential* haben sie gelernt,

- was die Grundlagen der Graphentheorie sind,
- in welchen Graphen Euler-Kreise existieren und wie man diese findet,
- was Bäume und Wälder tatsächlich sind und wozu man sie verwenden kann,
- wie sich Routen planen lassen und warum man dabei manchmal auf Optimalität verzichten muss,
- wie Graphen gefärbt werden können,
- und wie all dies mit einem Millenniumsproblem zusammenhängt.

Dabei hoffen wir, Ihnen eine Idee gegeben zu haben, dass Mathematik Spaß machen kann und Lösungen für viele Alltagsprobleme bereitstellt!

© Der/die Autor(en), exklusiv lizenziert durch Springer Fachmedien Wiesbaden GmbH, ein Teil von Springer Nature 2021
K. Mönius et al., *Algorithmen in der Graphentheorie,* essentials,
https://doi.org/10.1007/978-3-658-34176-3

Printed in the United States
by Baker & Taylor Publisher Services